★ **探索未知丛书**　　新闻出版总署向全国少年儿童推荐的百种优秀图书

上海科普图书创作出版专项资助
上海市优秀科普作品

地球的震颤

刘允良 编写

U0305120

少年儿童出版社

序

"探索未知"丛书是一套可供广大青少年增长科技知识的课外读物,也可作为中、小学教师进行科技教育的参考书。它包括《星际探秘》《海洋开发》《纳米世界》《通信奇迹》《塑造生命》《奇幻环保》《绿色能源》《地球的震颤》《昆虫与仿生》和《中国的飞天》共10本。

本丛书的出版是为了配合学校素质教育,提高青少年的科学素质与思想素质,培养创新人才。全书内容新颖,通俗易懂,图文并茂;反映了中国和世界有关科技的发展现状、对社会的影响以及未来发展趋势;在传播科学知识中,贯穿着爱国主义和科学精神、科学思想、科学方法的教育。每册书的"知识链接"中,有名词解释、发明者的故事、重要科技成果创新过程、有关资料或数据等。每册书后还附有测试题,供学生思考和练习所用。

本丛书由上海市老科学技术工作者协会编写。作者均是学有专长、资深的老专家,又是上海市老科协科普讲师团的优秀讲师。据2011年底统计,该讲师团成立15年来已深入学校等基层宣讲一万多次,听众达几百万人次,受到社会认可。本丛书汇集了宣讲内容中的精华,作者针对青少年的特点和要求,把各自的讲稿再行整理,反复修改补充,内容力求新颖、通俗、生动,表达了老科技工作者对青少年的殷切期望。本丛书还得到了上海科普图书创作出版专项资金的资助。

上海市老科学技术工作者协会

编委会

目 录

引 言

地球是人类的家园，它哺育了包括人类在内的一切生命。然而，地球在运动中，会发生突发性震颤，形成地震、海啸、火山喷发等可怕的地质灾害，造成资源、环境的严重破坏和无数生命财产的消亡。

一门研究地球突发性震颤的学问——地质灾害学也随之应运而生。科学家运用地质学的原理和方法，研究地球运动过程中造成危害人类的各种突发性震颤的特征、成因、监测和预报等。目前，地震、火山喷发、海啸、泥石流、山崩、地滑等，都属于地质灾害研究的对象。为了应对这类可怕的突发性震颤，人类进行了不断的探索、研究。

1

一、人类的家园

要研究地球的震颤是怎么回事，如何预防、应对，首先需认识地球本身，包括它的外形、内部结构、温度、运动等。

地球的外形

地球的外形是怎样的呢？古代我们的祖先认为"天圆地方"。后来西汉张衡在《浑天说》中写道"天如蛋壳，地如蛋黄"，把地球比作蛋的形状。

古希腊哲学家柏拉图提出地球是球形的。公元 1519 年，葡萄牙航海家麦哲伦越洋航行，第一次从西班牙出发，路经大西洋至南美洲后，就沿东海岸南下经太平洋菲律宾，随后从地球另一端回到西班牙，环球航行一周，证明地球是球形。

从"阿波罗17号"上拍摄的影像，
显示了非洲、阿拉伯半岛和南极洲。

随着20世纪大地测量和航天技术的发展，人们发现地球的北极是凸起的，高出的部分约18.5米；南极是凹进的，凹下约25.8米，于是认为地球是"梨形"的。然而，也有人根据对地球的测量，发现地球赤道半径是6378.37千米，地球极半径是6356.752千米，这样极半径比赤道半径要短21.618千米，地球的扁平率为1/298.257，因此认为地球是椭圆球形的。

那么，地球的形状究竟如何？

直到有了人造卫星后，"阿波罗17号"飞船拍摄的地球照片表明，地球的外形是一个圆形球体。至于以上凸起、凹进的数字和扁平率，其实对整个地球外形的影响是微不足道的。从此，人们对地球外形的争论画上了句号。

内部结构

人类生活在地球上，却至今还没有完全解开地球内部的秘密。因为我们对地球内部看不到也摸不着，仅能通过一些探测的方法，如人工地震、地磁测定和深部钻探等获取数据和资料，来推测地球内部的结构。

目前探测的结论是：地球就像一个鸡蛋，它可以分为三层，外层是蛋壳，相当地球地壳；中间是蛋清，相当地球中层的地幔；内层是蛋黄，相当地球的地核。也就是说地球内部的结构是由地壳、地幔和地核组成的。

地壳还可以分为陆壳与洋壳。地壳的大陆岩石圈和大洋岩石圈之间主要的差异是大陆岩石圈较厚，平均密度较小，大洋岩石圈较薄，平均密度较大，这就形成了陆壳与洋壳结构的不同。

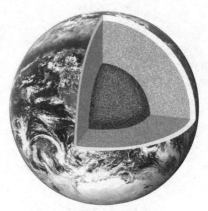

地球内部结构

美国科学家的一项最新研究显示，地球的中心——下地幔比此前想象的要软。下地幔位于地表以下1000千米至2900千米处，外地核上层。此处的压力和温度极高，物质不再以地表的岩石固体形态存在。

由于我们不可能直接采取地球最深部的物质样本，科学家一般通过观测地震波的速度来确定这些物质的密度和组成成分。

地震学中，地震波的传播类似于声波的传播。科学家测定发现，地震波的传播速度比以前测定得慢。那样，就意味下地幔的物质变得更加软。

地球的"体温"

早期，人们以为地球的"体温"——地温是由岩浆引起的，认为在地下几米到10余米处，温度保持着当地地表的平均温度，称之为常温。穿过常温层，每深入地下33米左右，地温升高1℃。可事实上不同地区由于地下物质和环境的差异，地下增温是有差异的。如每深入地下100米，我国华北平原的地温一般升高1℃～2℃，大庆油田却升高5℃左右。而莫斯科向下近50米才升高1℃。

科学家通过测试，推测地下60千米处，温度已超过1000℃，再向下地温就更高。由此曾想象地球深处应该有一个沸腾的"岩浆房"。

但是根据近代地球物理数据资料推测：地下400千米处有一软流层，它的地温接近岩石的熔点；地下2885千米处，地温增加变慢，岩石成

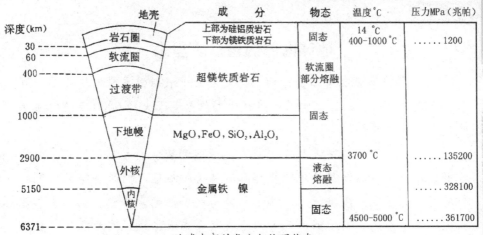

地球内部的成分与物理状态

为熔融岩石；到地核附近，推测地温可达 3000 多度；而到铁镍物质组成的地核中心，它的温度估计可达 5000℃。

地球的中心温度是怎样测出来的？

原子反应堆是使铀、钚等放射性元素的原子核裂变以取得原子能的。地球和原子能反应堆一样，其热度也源于地球之中的铀、钍等元素。

人们经过试验证实，在地表从挖石油的钻孔往下测量，每深 1 千米，温度就上升 33℃。从地表到地下 200 千米处是岩石，所以地下 200 千米以内的温度还没有达到使岩石熔化的程度。但地下压力一大，就会形成使岩石熔化的高温。尽管如此，该处的温度也只有 2000℃左右。

但地下 200 千米以外的温度就不能测量了。于是我们只能从坠落在地球之上的陨石、陨铁中的铀及钍的含量，间接地推测地球中心的温度。因为陨石、陨铁的成分与地球内部的成分相差无几。

据人们推测，认为地球中心的温度一般不会超过 5000℃。

大地在运动吗

我们脚下的大地（地壳）是在运动的，而且不断地变化。很多地方

地球内部热量从哪里来

地球的热源来自于三个方面。一是岩石中放射性元素的蜕变热。有人计算地球内的放射性元素每小时放出的热量等于大约6000万吨优质煤燃烧所释放的能量。

二是来自于地球本身的重力能。地球内部密度大的物质下沉，密度小的物质上浮，其结果使地球核部具有更大的质量，同时将释放出来的位能转化为热能。根据计算，这种热能与放射性元素热源产生的热总量为同一数量级的。而地球内的重力分异至今尚未结束。因此这两种热能成为地球内主要的热源。

第三，地球自转和潮汐都会产生部分热能，但估计它对地球内部热源的影响相对放射性蜕变热和重力能来说要小。

6

过去都曾被海水淹没，经过多次的地壳升降运动，海水几进几退，形成了现今的面貌。

俗语称"稳如泰山"，其实泰山并不稳。它现在有1500多米高，但100万年前只有约1000米高。由此推算，100万年以来泰山平均每年上升半毫米。我国东北地区的大、小兴安岭的山顶上有许多巨大的鹅卵石，重量可达几百千克。它"告诉"我们这些地方过去是河流，是地面抬升而形成的。

然而，有的地区地壳不是上升而在下降。我国天津市一直处于缓慢下降的状态，造成海河、大青河、永定河、子牙河等河流都汇集天津入海。

小兴安岭山顶上的鹅卵石

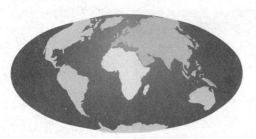

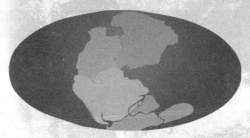

距今200万前～300万年前形成了
现在的七大洲、四大洋

2亿年前的联合古陆

地壳不但有上下升降运动而且还有水平方向的运动。如：根据大地测量数据，红海在变宽，而格陵兰和欧洲之间的距离正在扩大。根据卫星定位测量表明，上海与大连每年以大约1～2毫米的速度接近。如果我们推测这个

南美洲与非洲的结合

过程继续下去，在亿万年后，也许上海与大连要相连在一起了。

在地球运动中水平方向运动是主导的，只不过它变动得十分缓慢，人们不易感觉和发觉它，只能通过仪器去测得。如果地球快速变动，那时人就能感知它的颤动，表明灾害即将来临，地震、火山喷发即将发生。

大陆漂移学说

德国气象学家、地球物理学家魏格纳，少年时便向往到北极去探险。1905年，他以优异成绩获得气象学博士学位后，致力于高空气象学的研究。

1910年的某一天，魏格纳身体因不适而躺在床上休息。他意外发

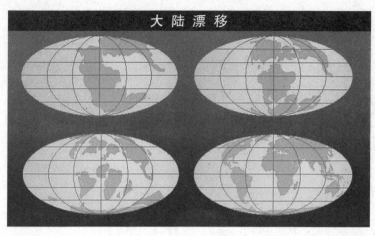

大陆漂移

现墙上的世界地图上，大西洋的两岸——欧洲和非洲的西海岸遥对北、南美洲的东海岸，轮廓非常相似，这边大陆的凸出部分正好能和另一边大陆的凹进部分凑合起来。如果从地图上把这两块大陆剪下拼在一起，就能凑成一个大致上吻合的整体。魏格纳想，这绝不是偶然的，是不是原来两大块陆是连在一起的，后来发生漂移而分离？

此后，魏格纳开始利用业余时间搜集地学资料，查找海陆漂移的证据。1912 年 1 月 6 日，魏格纳在法兰克福地质学会上作了题为《大陆与海洋的起源》的演讲，提出了大陆漂移的假说。1915 年，魏格纳出版了《海陆的起源》一书，系统地阐述了大陆漂移说。

魏格纳认为，二叠纪（距今 2.5 亿年～ 2.9 亿年）时世界上只有一个原始大陆，他称之为泛大陆。以后沿古地中海分裂为北方的劳亚古陆和南方的冈瓦纳古陆，而古陆可以分裂若干陆地，向四周漂移形成现今的大陆。大陆漂移说一提出，就在地质学界引起轩然大波。当时人们认为这假说十分荒唐，后来经过科学家对岩石和构造的拼合、古地磁、古生物学、古冰川的遗迹等方面研究证实，大陆漂移的过程确实存在。

海底在扩张

第二次世界大战后，科学家赫斯等对各大洋海底开展调查和勘探以及地球物理探测，获取了大量的数据，提出海底每年以几厘米到十几厘米的速度不断地扩张。

根据古地磁的测定，大洋的磁条带谱与已知扩张速度相对比，相互对应和完全吻合。这就表明各大洋扩展的速度基本是固定的，否则不可能互相吻合。他们利用磁条带谱测定的数据推测大洋中脊形成的地质时代，这就是海底扩张论说的决定性证据。这个发现促进了人们对地球岩石圈活动演化的重新认识。如果海底确实在不断扩张，那么大陆板块必然是漂移的。

2006年，我国考古学家在宁夏回族自治区灵武市宁东镇南滋湾又发现了大批恐龙化石。经专家鉴定确定为侏罗纪晚期（约1.3亿年前）蜥脚类恐龙——梁龙。它长达40多米，体重100多吨。以前梁龙只在坦桑尼亚、阿根廷、北美等地出现。这次中国发现梁龙，无疑给中生代古地理提供了重要的信息，也给大陆漂移说提供了重要的证据。

20世纪60年代大陆漂移和海底扩张学说被证实后，一些年轻的地球物理学家——布拉德、勒皮雄、麦肯齐和摩根等进一步提出板块构造。他们认为地球的上部是刚性岩石圈，可划分为若干不同大小的板块，它们漂浮在地球下部塑性软流圈上作大规模的运动。板块的内部是相对稳

知识链接

大西洋洋底有洋脊，又称洋中脊。它是隆起于海盆中央的山脉，呈S形。主要由火山岩和玄武岩组成。洋脊一般高出海底1000～3000米，宽可达1400～4000千米，长达8万余千米。洋脊被一系列横向断裂错开。洋脊的轴部一般存在纵向的大深谷，深约1000～2000米，宽约20～30千米，两壁陡峭，俗称中央裂谷。

机器人探测海底

2006年12月，日本科学家用机器人探测了位于毛里求斯岛东约800千米的印度洋中央海岭附近海底，在那儿发现了世界最大的熔岩平原。科学家认为，这一发现对研究中央海岭附近的火山活动具有重要意义。中央海岭是板块诞生并向两侧扩张的地方。

探测使用的是"r2D4"海洋探测机器人。这种机器人能依靠海底对它发出的声波的反射分析海底地形，还能采集海底岩石。这种机器人可自行躲避障碍，并拍摄高精确度图像。

机器人经过3次潜航作业，探测到水深约2700米的海岭中心相当于山谷的部分被熔岩填满，形成了平坦的地势。这块海底平原沿着南北走向的印度洋中央海岭分布，长约26千米、宽约2.7千米。科学家还发现了因海岭扩张而形成的裂痕，他们推测从数万年前开始，黏稠度较低的岩浆大量从海岭的裂痕中喷涌而出，最终形成了巨大的海底熔岩平原。

定的。板块的边缘与相邻的板块相互作用而构成强烈的构造活动带。所以地震、火山、岩浆活动等主要集中在板块的边缘。

1968年，勒皮雄根据地震带把地球分为六大板块。它们是太平洋板块、欧亚板块、印度洋板块、非洲板块、美洲板块和南极洲板块等。现今一般认为地球的表面可划分为12或13个主要板块和一些较小的板块，它们都漂浮在地幔上。它们运动的速度是不同的。如大西洋每年的移动速度为2厘米，东太平洋每年移动速度为18厘米。但当两个板块发生碰撞时，它们相互挤压形成巨大的压力，使地壳下岩石发生皱曲变形或形成大的断裂或挤压隆起形成大型的山脉。例如印度板块向欧亚板块碰撞后，其结果就形成现今的喜马拉雅山脉。在这碰撞带上也形成一系列地震和火山活动。

二、地狱的通道

灾有八种：地震、火山、海啸、泥石流、山崩、地滑、飓风和洪水。其中，地震和海啸是天灾中破坏性、危害性最大的灾害，人们称地震为"地狱的通道"。

可怕的震颤

地震是地壳内长期能量累积突然释放的过程。地震发生时，地球快速颤动或振动，它的速度是人们难以想象的。2004 年 10 月 23 日，日本新潟发生里氏 6.8 级地震，根据有关部门测得，震中的中心部位的摇晃最大速度为 1500 伽（即厘米／秒／秒）。如果日本东京发生里氏 8 级地震，那么繁荣华丽的东京将被夷为平地。

地震发生时，首先是上下颠簸，这是地震纵波造成的。它引起地

唐山市新华路的房屋全部被毁

面振动的方向与传播方向一致，大约只有几秒钟。随后是左右摇晃，这是地震横波造成的，其振动方向与传播方向互相垂直。它可以是几分钟至十几分钟，这样就造成人们所感到的天翻地覆、地动山摇、山崩地裂的情景。

1976 年 7 月 28 日我国唐山地区发生里氏 7.8 级地震，当时一道蓝光闪过，轰隆隆雷声由远而近，瞬时间大地强烈振动，上下起伏，左右摇晃，大树下沉后又升起，火车铁轨扭曲，平坦的地面高低起伏，裂缝陷坑到处出现。那儿几乎所有的房屋都夷为平地。它的破坏能量相当于 400 颗第二次世界大战时广岛原子弹爆炸的能量。

地球上平均每年要发生 500 万次地震。大多数地震的震级小于 3 级，人们不易感

被震弯的铁路

觉到。人们能感到地震引起大地颤动的大约有 5 万次，而能造成不同程度破坏的大约有 1000 次。对人们生命财产造成严重伤害和破坏的大约每年 18 ～ 20 次。

汶川地震

2008年5月12日下午，我国四川的汶川地区发生了8级大地震，死亡近7万人，失踪1.8万多。这是近年来罕见的特大地震。

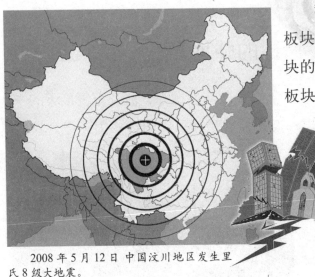

我国四川省位于印度洋板块和欧亚板块两个大陆板块的交界处附近，受这两大板块的推挤，地震活动比较频繁。汶川处于我国一个大地震带——南北地震带上，地震带位于经度100度到105度之间，涉及

2008年5月12日 中国汶川地区发生里氏8级大地震。

地区包括从宁夏经甘肃东部、四川西部直至云南，属于我国的地震密集带。

5000万年前，印度洋板块在与欧亚板块碰撞之前是个岛屿；目前印度洋板块在以每年5厘米多的速度向北推移——对板块漂移来说，这是个不慢的速度。这种快速运动意味着在大陆板块的边缘部位积聚

了很大的能量。这次地震聚集了巨大能量，突然间释放，能量沿着板块裂缝传递，对各板块进行挤压，地层破裂尺度较大，导致其他地区有震感，灾情严重。

汶川地震震源离地表较近，只有大约9.6千米。震源浅的地震造成的破坏性更大，因为能量的释放距离地面更近，引发的震动更剧烈。

惨烈的强地震

汶川大地震是中国1949年以来破坏性最强、波及范围最大的一次地震，从震级上可以看出，汶川地震稍强。唐山地震国际上公认的是7.6级，汶川地震是8级。这是汶川地震破坏性强于唐山地震的主要原因。

唐山地震的断层错动时间是12.9秒，汶川地震是22.2秒，错动时间越长，人们感受到强震的时间越长，也就是说汶川地震建筑物的摆

地震学家正在查看地震仪上的记录

14

知识链接

地震波传播速度

根据仪器测定，当震源深度为10千米～20千米时，纵波传播速度是每秒5千米～6千米，横波的传播速度为每秒3千米～4千米。房屋倒塌、地面出现裂缝都是由于地震波强烈的颠簸和摇晃造成的。在震中附近的人们常感觉到发生地震时是先颠后晃，而远离震中的人们由于振动能量的衰减，往往仅感到摇晃，更远的地方，人们就感觉不到了。

幅持续时间比唐山地震要强。

汶川地震波及的面积、造成的受灾面积比唐山地震大。汶川地震是挤压断裂，错动方向是北东方向，而西部受到的震动较少。

汶川地震诱发的地质灾害、次生灾害比唐山地震大得多。这是因为唐山地震主要发生在平原地区，汶川地震主要发生在山区，次生灾害、地质灾害的种类都不太一样，汶川地震引发的破坏性比较大的崩塌、滚石加上滑坡等，比唐山地震的次生地质灾害要严重得多。

衡量地震的"尺"

地震的能量具有震撼山河之力。这力量既是瞬时性，又是突发性的。一次 7 级地震的能量相当于 30 个两万吨级原子弹的能量；一次 8.3 级地震的能量是 3.6×10^{17} 焦耳，相当于 100 万千瓦的大型发电厂连续发电 10 年的发电量总和。

1906 年 4 月 18 日，美国旧金山发生了里氏 8.5 级的大地震。根据能量计算，这能量可以将 100 多亿吨的巨石抛到空中 1800 米高。到目前为止，世界上没有任何一个国家能制造出具有如此巨大能量的炸弹，也无法搜集这么巨大的能量为人类服务。

那么，地震的巨大能量是怎样衡量的呢？地震深处发生的地方叫做震源。震中是震源垂直地面上的一个点，它承受的地震能量是最大的。科学家经过长期研究，制定了两把"尺"——震级和烈度，用来衡量不同地震的能量和破坏程度。

震级 这是指地震释放能量大小的等级。它是通过地震仪记录的震幅大小换算而得的数值。一次地震只有一个震级。地震按它的能量大小划分为十级。5 级以上的地震，每增大一级，它的能量要增加 32 倍。一个 6 级地震相当于 1024 个 5 级地震的能量。

9级地震的巨大能量

根据美国全球观察网（IRIS）的资料得知，2004年12月26日印度尼西亚发生9级大地震的震波在地球表面穿梭6个小时之久，巨大的能量改变了这个地区的地形和地貌特征。如地震后出现10个新岛，岛屿的长度在100～500米之间；海水后退1000米。

天文学家测得，这次地震使地球自转轴发生5～6厘米的偏移，地球自转的周期短了3个微秒。地球物理和地质学家测得，由于印度洋板块冲向缅甸小板块中，板块相互猛烈挤压，使海底升高10米左右，形成长约1200千米的隆起带。这种能量之大是人们难以想象的。

烈度 指地震对地面的破坏和影响程度。它的大小不仅与地震释放的能量大小有关，而且与地震的震源深度、震中距的远近，以及当地建筑物质量、工程地基牢固性等因素有关。

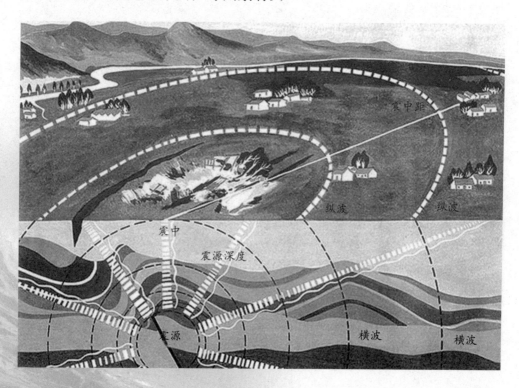

地震的震级与地震的烈度都是用来衡量地震的，二者不可混淆。地震烈度可分为12级。一般来说，地震的震级越大，烈度也就是破坏程度越大。震源深度越浅，烈度越大。离震中距离越近，烈度也越大。

地震的分布

如果我们把世界上发生过的5级以上地震的震中位置，投影到地形图上，我们就可以看出，发生地震区域的分布是十分有规律的：地震分布的形状像条带子，与火山分布十分相似；地震比较集中在地球板块的边缘或板块的内部大断裂带上。

世界上有三个地震多发区：第一个分布在太平洋地区和从地中海到印度尼西亚的欧亚大陆南部，特别是环太

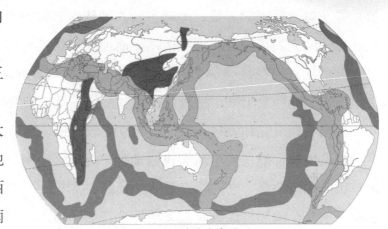

世界地震分布图

平洋地震带，它沿南美洲北美洲的西岸至阿拉斯加，然后向西至阿留申群岛、勘察加半岛、日本、菲律宾直到新西兰一带的海沟和岛屿。据统计，全球80%的浅部地震、90%的中源地震和99%以上的深源地震都发生在这个带上。

另一个地震多发区分布在阿尔卑斯—喜马拉雅山地震带。它西起葡萄牙、西班牙和北非沿岸，沿地中海、高加索、喜马拉雅山向东，至印度尼西亚，并与太平洋地震带汇合。

第三个地震多发区主要分布在大洋之中的洋脊、裂谷地区，这个地

震带一般震级小于 5.5 级。

我国处于世界上最大的环太平洋地震带和欧亚地震带之间，是世界上大陆地震最多的国家之一。我国地震活动的分布是不均匀的，东部相对西部弱，主要分布在太平洋板块、印度洋板块和欧亚板块的交接部位。

地震的产生

地震是怎样产生的呢？这要从地球的构造说起。

地球深层处于高温（400℃～500℃）和高压状态，地球深层的物质是处于熔融状态的岩浆。地球自转和地球内岩浆的热对流，使岩浆发生迁移、地壳表层的板块产生运动。而地壳表层是不均匀的；地球内部巨大的能量，会在地壳薄弱的部位（如断裂或褶皱的部位等），利用构造空隙或裂缝释放出来。这时，在这些部位上就容易发生地震。

根据长期研究和资料积累，科学家比较一致认为地震有四种成因。

构造地震　地层发生断裂或错动时，突然释放出巨大能量而引起的地震称为构造地震。它的特点是活动频繁、规模大、发震时延续时间长、影响范围广、破坏性最大，大多数发生在活动带上。据统计这类地震都属于浅源地震。世界上 90% 的地震都是地球构造断裂造成的。如美国 1906 年旧金山发生 8.3 级地震，地表破裂带长 450 千米。

火山地震　由地下岩浆的运移和喷出作用而引起的地震叫火山地震。它的特点是局限性，仅在火山活动带上，相对来说规模较小。占地震总数的 5%～7%。主要分布在意大利、日本、印度尼西亚、勘察加、南美等地。许多火山喷发前有一系列小地震。如 1980 年 3 月 20 日美国圣海伦斯火山在休眠 123 年后又一次复活，喷发前在火山下面发生一系列小地震，一周后火山顶峰形成新的火山口，喷出火山灰和蒸气。

陷落地震　是指由上覆岩体突然发生向下位移而引起的地震。这类

1980年圣海伦斯火山喷发情景

地震一般属于轻微地震或小震。如1938年广西百寿县，在喀斯特洞穴区曾发生轻微地震，据记载"崩塌面积约50～60亩，尽成深潭，崩塌时，声闻数十里，附近房屋瓦片有波动，居民惊骇万状"。

诱发地震 由于某种人为或自然因素的激发作用而引起地震。如广东省新丰江水库13年中发生过2.6万次小震。原因是水库坝基附近地壳有小的断裂，而水库中的水渗透到断层面中，给这些小的断裂起到了滑润的作用，使地球中的能量更容易从中释放。又如美国兰吉利油田为了提高石油产量而注水加压，事后发生大量的轻微地震。此外，宇宙间的物体如陨石向地面袭击时，也可能引发地震。

1971年山东泰安东站岩溶地面陷坑，直径8米，可见深度5米。

陆沉大海

　　一次大地震，可能引起大面积的陆地隆起或沉降。地面沉降如果发生在湖滨或海岸，就可能造成水淹大陆。大面积的农田、村舍瞬息间被水淹没，形成地震的次生灾害。世界上多地震的国家都曾发生过类似事件。

　　1605年，海南岛发生大地震。农历五月二十八日午夜时分，地震袭击了海南岛北部的琼州，滨海陆地大面积沉入大海，地面沉降约4.5米，数十个村庄被海水淹没，人和牲畜同遭劫难。

地震的预防

　　目前，人类还不可能阻止地震的发生，但如果预防及时正确，措施得当，也能降低地震造成的损失。

　　地震是可以预报的。大地震发生前，地下的岩层在受构造应力的作用下，能量不断地累积、加大，会引起地下物质的物理和化学性质变化，通过能量传递传到地表，这就是人们常感觉到的地震来临之前的前兆现象。这些现象可以通过专业队伍和地震台对地面仪器观察所得到。有些现象会被自然现象反映出来，如气象异常、地下水位变化、地光或地声等。有些还能通过动物异常显示出来。这些现象普通人们也都能感觉到。一般情况下，在地震预报中，掌握的前兆愈多，加上综合手段多、科学技术的提高，地震预测准确度就愈高。

　　地震预报必须回答三个问题：一是哪些前兆说明有可能发生地震；二是大致在什么时间、什么部位上发生地震；三是可能发生的地震强度有多大。

我国海城7.3级地震，地裂缝夹住车轮、穿切房屋

地震仪

在 19 世纪中叶，意大利人卢伊吉·帕尔米里在对维苏威火山的观测中制造了一台地震仪，它也能记录地震的时间。在 1856 年的首次使用中，帕尔米里借助他的电磁地震仪通过螺旋弹簧上一物体的运动测到地面的垂直运动，并且通过在 U 形管内水银的运动测到地面的水平运动。

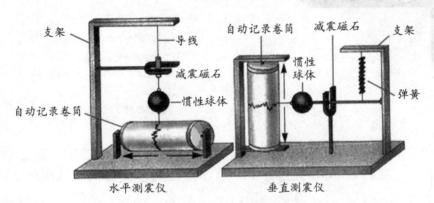

水平测震仪　　　　　　垂直测震仪

1892 年，当时访日的英国工程教授约翰·米尔恩在他帝国大学的同事詹姆斯·尤因和托马斯·格雷的帮助下，研制出记录地震随时间变化的仪器。该仪器十分轻便且操作简单，因此这种有效的工作地震仪被安装在全世界的许多地方。

地震仪的运行原理相当简单。最初的装置是：一个惯性球体被一根钢绳或一段弹簧悬挂在一个结实的架子上。当大地震动时，架子在摇动，而球体由于惯性在一定的时间里仍然不动。小针刺在纸卷上记录下这些变化。这种类型的地震仪要占据整整一个房间！现代的仪器设备由于电子学的进步而变得小型化。它的尺寸只有几十厘米。

地震仪是极为复杂精密的仪器。它能测出大地的震动，甚至能测出很弱的、人们无法觉察的震动。一些地震仪测试大地的水平运动，而另一些地震仪则测试大地的垂直运动。

张衡和地动仪

东汉时，张衡制造出了地动仪。地动仪用精铜铸成，像一个卵形的酒樽，四围刻铸着8条龙，龙头向8个方向伸着。每条龙的嘴里含了一颗小铜球，龙头下面蹲了一个铜制的蛤蟆，对准龙嘴张着嘴。仪体内有一根铜柱，它高而细，俗称"都柱"。柱旁有8组滑道可通过杠杆连接8个龙头。

地动仪

地震时，铜柱倒向地震方向的滑道，推动杠杆，使这个方向的"龙道"打开，龙嘴里的铜球就落入下面蟾蜍口中，发生"当"的一声响，从而报告地震发生的方向。

汉顺帝永和三年（公元138年）2月3日，放在京城洛阳的地动仪正对着西方的龙嘴突然张开，一铜球从龙嘴中吐出来，掉在蟾蜍口中。数天后，相隔1000多里外的陇西（甘肃东南）有人飞马来报，说前几天发生地震。

而在国外，直到公元13世纪，古波斯才在马拉哈天文台出现类似于"地动仪"的仪器。

地震仪一般必须记录振幅小到 10^{-9} 米的地震波，相当于气体分子的大小。这些相对运动过去是借助机械方法放大，比如，借助一系列相连的机械杠杆或者光杠杆（从远处将光点投影到记录面上）放大它的运动。在现代地震仪中，摆与框架之间的相对运动会产生一个电信号，这个电信号被放大几千倍甚至几万倍，然后驱动电针记录到敏感的记录纸上。地震仪摆的电信号也能被记录在磁带上或以数字的形式储存在计算机中。

地磁场异常

地震发生能量积累过程中，地球物理场如地磁、地电、地温、应力场和重力场等都是有变化的，这些变化是监测地震前兆的重要参数，我们可以通过仪器来测定。

1855年，在日本江户闹市区有一位开眼镜铺的商人，他用长90厘米的一个马蹄形磁铁吸满铁钉，以此来招揽顾客。但是，在1855年江

什么是地磁测定

地球是一个大磁场，利用地磁仪可以测得大地的磁性数据（磁场强度、磁偏角和磁倾角等），经过数据换算处理，编制成图。地震发生前，地磁场局部会发生变化，它可干扰正常无线电波的传播。如1970年云南通海强震的震中区，在主震和几次较大的余震发生之前，有些地区收音机噪音变大，音量变小。震前几分钟声音突然中断，震后才恢复正常。

户大地震发生的当天，吸到磁铁上的铁钉及其他铁制商品，突然掉落在地，使他大为惊愕。两小时后，一次破坏性大地震发生了，震撼了整个市区。地震过后，发现那块磁铁又恢复了往日的吸铁功能。

1970年1月5日，在云南通海发生7.8级大地震。震前，震中区有些人在收听中央人民广播电台的广播，忽然发现收音机音量减小，声音嘈杂不清，特别是在震前几分钟，播音干脆中断。

地震前磁场变化，很早就被人们注意到了。1872年12月15日印度发生地震前，巴西里亚至伦敦的电报线上出现了异常电流；1930年日本北伊豆地震时，电流计也记录到了海底电线上的异常电流。

为什么地震能引起磁场的变化呢？原因有两个：一是地震前岩石在地应力作用下出现"压磁效应"，从而引起地磁场局部变化；二是地应力使岩石被压缩或拉伸，引起电阻率变化，使电磁场有相应的局部变化。岩石温度的改变也能使岩石电磁性质改变。

动物报警

许多动物如狗、鸡、老鼠、猪、鸟类等感觉特别灵敏，能比人类提前知道地震的发生。如1975年2月4日辽宁海城发生7.3级地震前，动物都有异常表现。其中老鼠较为突出：出洞乱窜；大老鼠叼着小老鼠成群搬家；不怕猫，人打也不跑，如同酒醉。

老鼠惊恐搬家到处跑　　　　鸡飞上树　　　　猪不食拱圈

羊怪叫　　　　冬眠蛇出洞　　　　鱼儿惊惶跃出水面

马惊乱奔

动物为什么震前能产生异常表现？科学家认为，一是与动物的习性有关，二是地震环境直接影响到动物的新陈代谢、兴奋性和适应性。地震波打乱了动物新陈代谢，促使和刺激动物精神兴奋或压抑，从而发生狂叫、乱跑等异常表现。伴随地震而产生的物理、化学变化（振动、电、磁、气象、水氡含量异常等），往往能使一些动物的某种感觉器官受到刺激而发生异常反应。

地震前，地下岩层呈现出蠕动状态，而断层面之间会产生一种每秒钟仅几次至十多次、低于人的听觉所能感觉到的低频声波。人能感觉到每秒20次以上的声波，而动物则不然。如猫、鼠、兔等对 $50 \sim 800$ 赫兹的振动很敏感；地震发生的能量会刺激动物促使它们外逃。

中国科学院生物物理所的科学家对鸽子与地震关系进行了实验观察，发现鸽子腿上的胫骨与腓骨之间的骨膜附近，有种椭球状小体，比小米还小，有百余颗与神经连着，形如一串葡萄。它们对震动十分敏感，刺激振幅达十分之几微米，就引起神经电发放。研究员用 100 只鸽子进行实验。将 50 只鸽子腿上的小颗粒切除，另 50 只保留不动。在 4 级地震前，后者惊飞不已，前者安静如常。说明切除腿部颗粒后的鸽子与中枢神经失去了联系。

地光闪现

1975 年 2 月 4 日，31 次直达快车满载着旅客从大连风驰电掣般奔向北京。19 点 36 分，列车行驶到近海城县唐王山站时，司机发现前方夜空突然冒起紫红色的耀眼火光，他意识到这是一种地震征兆，于是立即采取了紧急制动措施。紧接着，列车剧烈地颠簸摇晃起来，海城 7.3 级大地震发生了。地震给当地带来了巨大的灾难，而列车避免了一场因地震引起的翻车事故。

1976 年 7 月 28 日凌晨，汉沽市某人发现窗外一片红光，继而转为黄色，照得满屋通亮。他迅速排除了失火的可能，加之呜呜而来的地声也出现了，就立即把全家人叫出屋外。旋即唐山大地震到来，全家无一伤亡。

地光

地光是地震前兆之一，是在地震之前出现在天边的一种奇特的发光现象。从大量的调查结果看，地光的颜色以蓝白色和红色居多，黄色次之，其他颜色也有。地光的外观形态，既有呈片状大面积分布在震区上空，天地红光一片，极似火烧云的；也有呈带状横亘天际，

地光报警

像彩虹的；此外，还有柱状、球状和不规则状等。

地震前夕为什么会有地光产生呢？这是因为地下深处的岩层中有氦、氩、氖、氙等气体，地震即将到来时，地下岩层受力形变并产生了许许多多的小裂缝，这些挥发性气体便从地下逸出。另一方面，岩石破裂时会产生漫射电子，从而将这些气体点燃，于是便形成了地光。

无独有偶，我们的近邻月球在发生月震前夕，也有类似地光的现象。美国洛克希德太空公司的科研人员对宇宙飞船带回来的月球岩石进行了研究，发现月岩中也含有氦、氩，用月岩做爆破实验时的确迸发出了火花。这一实验解开了月震闪光之谜。

地声预警

地声常与地光相伴，先见光后听声。在地震前数分钟、数小时或数天，往往有声响自地下深处传来，人们习惯称之为"地声"。据记载，公元1739年宁夏的银川、平罗一带发生近8级大地震，当地衙门的伙夫与老乡同时听到好像"群犬围吠"的地声。1970年12月3日宁夏海原西古县发生5.7级地震，地震前几天人们听到地下有"撕布之声"。

据调查，距1976年唐山地震震中100千米范围内，在临震前尚未入睡的居民中，有95%的人听到了震前的地声。在京津之间的安次、武清等县听到的地声，就像大型履带式拖拉机接连不断地从远处驶过。

地声的产生原因说法不一，有的说是摩擦出声，也有的说是岩石破裂之声。目前大家都认为是由于岩石受力产生裂缝或破碎而形成的。断层面上滑动变成高频振动，这就形成地声。地声一般在浅源地震中能听到。按照物理学声音衰减公式可以算出，在地下2千米～10千米深度上的声源，人们仍能够听到。如果震级很大，即使震源较深，在地表也能听到地声。

1975年1月，辽宁本溪北台钢铁总厂地声观测点用大缸监听地声。他们将大缸翻扣在地面上，进行密封，缸上放一块木板，木板上置送话器，使缸和送话器、地面连成一体，把电线接到外边的耳机上，值班人员在室内用耳机监听。2月4日大震前，值班员在19点34分听到耳机里发出如狂风似的呼啸声，于是他立即大喊："有地震！"楼内的人闻讯向楼外跑，刚走出门，地震就发生了。

地下水异常

地震前在地应力的作用下，岩层发生变动，地下的水层受到挤压或破坏，促使地下水位上涨或下落，或引起井水翻动变浑。部分地下水中含有气体，在压力作用下，水发生冒气泡或翻水花等现象。震后这些现象都会消失。

1966年，苏联的塔什干发生一次5.6级地震。该地区有一口2000米的深井，自1961年起至震前，井水中氡的含量增加了3倍，地震发生后又恢复正常。以后，许多国家相继利用井水开展氡气测量，用以预报地震。

1970年1月，云南玉溪大地震前，某公社旱情十分严重，但在大震前六七天，却有几口井的水位突然显著升高，有的甚至溢出井外；那里有几条河，在天旱无雨的情况下，突然变浑而且流量增大。再如1975年2月4日，辽宁海城发生7.3级地震，辽阳、本溪等8个城市，震前62%的水井有升降、水发浑、冒泡翻花和变味等现象。十分罕见的井喷水现象有9起。

震前地下水发生的异常变化，是一种很重要的地震前兆现象，是目前预测预报地震的重要手段之一。地震来临之前，大海也会受区域应力场作用而使海平面和潮汐产生异常：海水冒气冒泡、海水混浊、海浪中

水氡异常观察

利用水中氡气可以预报地震。氡是镭衰变的中间产物，来源于地下惰性气体，其含量的变化受压力和温度控制。由于氡的化学性质稳定，它的变化能间接地反映地下应力及地热的变化。地震发生时由于岩体受力、水层发生变形，会加速地下水的运动，促使氡含量的改变。氡对温压变化反应很灵敏，特别在地壳变动剧烈时，水氡含量可以突变升高。因此用水氡做地震预报是十分有效的。

例如，1975 年辽宁海城发生地震。在之前的 1974 年 11 月中旬至 1975 年 2 月 4 日水氡的变化强烈，已预示大震快要发生。

夹杂吱扭声等。

卫星预测地震

应用卫星观测大地是研究地震活动的主要途径之一，它可定时定点观察易诱发地震的部位，提供预报的数据和依据。例如，我国运用 NOAA 气象卫星的热红外图像上的"热岛"现象，成功预报了 1990 年江苏常熟发生的 5.1 级地震。1990 年 6 月 14 日中苏边境斋桑泊发生 7.3 级地震，在震前 7 天的 NOAA 热红外图像上也出现热度增温现象，为地震预报提供了确切的数据。

通过卫星监测，苏联科学家注意到，在地震发生之前，震区的地球卫星照片上可见大面积的红外异常，显示出这个地区的地热温度在普遍升高。例如，1984 年 3 月 19 日中亚加兹利地震前一星期就出现这种情况。

日本科学家注意到，在地震发生前的几个月，就可用卫星测到震区地理位置的移动变化。如 1989 年 7 月 11 日伊东地震前一年，他们就发

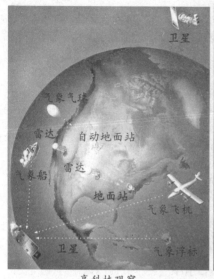

卫星

气象气球

雷达 自动地面站

气象船 雷达

地面站

气象飞机

卫星 气象浮标

高科技观察

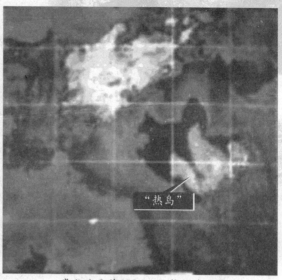

"热岛"

常熟地震前 NOAA-4 热红外图像

现伊东的位置在向南移动，到震前的 2 ~ 3 天，移位达到最大值。

此外，1989 年 10 月 17 日美国旧金山地震前半个月，科学家就曾从一台本来用于侦察潜艇的新设计的仪器中，意外地接收到了与地震有关的超低频无线电波。这些新发现的预报方法，将能提高预报的准确性，是地震科学研究的重点任务。

防震"新招"

可控震源车 2006 年，上海 320 国道旁出现 4 辆来自石油勘探部门的美国产"可控震源车"。它每走 90 米，车身中部震动器就会伸出底盘站立于路面上，向下施加 22 吨的重力，同时向地下发射 8 ~ 80 赫兹的震动波。

这种地震波可直达地下 20 千米~ 30 千米，用以监测地下断层的情况。石油勘探人员将与"可控震源车"一起奔赴全国 20 多个城市，从而绘制一张全国大中城市的断层"全景图"。这张图将有助于科研人员密切监视地层的新动向，为防震减灾做好准备。

机器人预测地震　一款可以在海底遨游漫步，而且能接入互联网的机器人在德国亮相。这款机器人名叫"深海步行者"，它装备有先进的视频摄录器，可以实时拍摄海底画面，并通过网络发布出来。

"深海步行者"机器人的身体长宽均约为50厘米，由电能驱动，装有玻璃纤维的通信缆线。控制人员可在地面通过一台联网计算机对机器人实施远程遥控。

手机预警　2007年1月13日，千岛群岛附近的太平洋西北海域发生里氏8.3级地震。12分钟后，日本气象厅就发出了海啸警报。太空中的卫星为防震救灾提供了通信服务。日本将有效利用观测卫星和通信卫星应对灾害，并构筑通过手机向人们发出警报的卫星网。由于手机已成为获得信息的重要途径，因此许多防震救灾的技术开发都围绕手机展开。

地震、水灾等灾害发生后，如果将地面数字电视的电波发送到这种手机上，处于关机状态的手机可以自动开启。日本开发了一种可以上网并带有GPS全球定位功能的手机。救灾人员可通过网络向手机用户发送询问是否安全的电子邮件。此外，救灾总部的信息终端上还会显示每个用户的准确位置。

地震来了怎么办

地震到来前，要认真做好防震抗震的准备工作，不能有侥幸心理。要用科学的分析方法，正确认识地震的前兆，充分做好防震、抗震的准备工作，以防万一。

预防地震次生灾害

地震的次生灾害，是指由地震诱发引起的山崩、滑坡、泥石流、火灾、水灾和有毒气体蔓延等。

防止发生次生灾害

安排好疏散路线

1906年4月18日清晨，美国旧金山发生里氏 8.3 级地震，整个城市轰然倾倒，断瓦残垣到处可见，屋里的人几乎全被压死。这毁灭性打击还将水管、煤气管、电缆线折断，促使一场大火魔鬼般地向城市四周扑去，铺天盖地。人们因水管折断而断水，数百名消防队员因无水救灾收效甚微。

因此，当地震到来前，我们应该加强地震危险区的水库水坝的安全检查，预防山体产生滑坡，对易燃易爆或剧毒物品要放在安全地方保管好。在地震来临时，让居民将火源和燃烧气体切断，如关好煤气、切断电闸等，以免引起火灾。

如何逃生

为了避免和减少地震造成的损失，应该加强平时防震意识、地震灾害的宣传教育，普及有关科普知识。

地震发生时，要躲到坚固的家具下面，要紧紧抓牢桌腿，要用坐垫或较软的物品保护好头部。地震摇晃时，要立即将煤气、取暖炉灭火，以防火灾；一旦发生火灾切勿

因地制宜及时躲避

千万不要跳楼

慌张，迅速用水或灭火机将火扑灭。

地震过后，在向外跑时要注意屋内预制板的倒塌，注意玻璃、屋顶砖瓦的下落或室外广告牌掉下砸在身上，到屋外空旷地方去。为了确保出口安全，在地震来临之前，应打开房门或门窗，准备好梯子或缆索等，以便万一关在室内可以逃生。

抗震新建筑

防震地基 20 世纪 90 年代末，美国建筑学家推出了一项能使建筑物免遭地震破坏的"地基地震隔绝"新技术。

26 层的洛杉矶市政大厦在上次地震中遭到严重破坏，在重建这幢大厦时，设计人员提出采用"地基地震隔绝"技术。这种技术的目的是减少建筑物震动，采取的办法是在建筑物的底部安装橡胶弹垫或摩擦滑动承座等震动缓冲物。

在市政大厦的立柱之下、地基的上方，安置着 430 个橡胶弹垫。在基部和高些的楼层安装了另一种震动缓冲物——黏性减震器，以进一步减少震动以及建筑物在绕地基而设的 1.2 米宽壕沟内的移动。另外，更多的传统耐震墙将一直建到塔楼上。

弹簧屋 另外，一位华裔科学家在自己家中的住宅底下安置了 17 个大弹簧。据测算，在发生 6 ～ 8 级的大地震时，这个"弹簧屋"中的主人将只会有 5 级地震似的感觉。弹簧圈也是建在"隔离基础"上，它使房屋仿佛是浮动在上面。这些建筑物改变了原来只能依靠坚实的基础来抗震的旧观念。

与此同时，科学家在加快测试新型复合材料，以用来替换在桥梁立柱改型保护套中使用的钢，这些保护套的作用是保护桥梁立柱免于断裂。

专家们用薄层的纤维增强复合材料裹住柱子，也可以采用碳纤维复合材料，用以防止它们在震动中断裂，并加强其柔韧性。

蜘蛛形"太空屋"

有一种外形像蜘蛛般的"太空屋"，能抗台风洪水，又能防火山、地震。"太空屋"采用欧洲宇航局应用于宇宙飞船上的太空材料，它就是碳纤维加固塑料，这种材料不仅轻，而且韧度和抗热、抗寒能力都非常突出。

科学家运用极轻的碳纤维加固塑料来制造太空屋，这种轻型壳状结构可以抵御剧烈的地震。太空屋采用以支柱支撑的球体结构，目前的设计可以抵御7级地震、时速220千米的大风和3米高的洪水和火山熔岩。

太空屋呈一个球体，形状有点像"蜘蛛"。整个球体由支柱支撑，首层与地面之间有一定的距离。房屋主体并不直接与地面接触。当它伸出支柱把自身支撑起来时，它就和底下的任何运动无关了，因而无论是大风还是地震都不能轻易撼动它。

太空屋能利用高效的太阳能板发电，然后将电储存到高效的锂电池中。屋内配备先进的水循环系统，可以将水净化循环使用。

为了保护南极的环境，太空屋所有的设施都是可以移动的，而且房子本身就很轻，搬家很容易。甚至屋内的大小都可以变化，只需移动内墙，太空屋的直径可以从12米到40米之间任意变化，最高可以达到5层楼。积雪厚了就自己长高。

"有生命"的建筑

生命建筑能抗震的奥秘，首先在于它是"有感觉"的。为了使建筑物获得知觉，科学家尝试把光纤埋在建筑中，让其充当"神经"角色。科学家把光纤直接植埋在房屋、桥梁的建筑材料中，可作为建筑物的"神经"。光纤是光纤传感器的一部分。而传感器根据光纤神经变化，光信号相应发生变化，所以，光纤能直接反映建筑物内部的状况。如果建筑物中产生断裂，那么光纤也随之折断，光信号也就中断。

还有一种叫压敏薄膜的神经，它是一种用压电聚合物做成的厚仅 $200 \sim 300$ 微米的压力敏感薄膜，可同建筑物的表面复合成一体，受到挤压力作用时会产生微弱的电流信号。这样，建筑物就如同"皮肤"一样都有了感觉，能及时发现内部隐患和外力损伤程度。

生命建筑除了具有"神经"外，还有"肌肉"，能在外力袭来时利用收缩或舒张的本领，改变振动频率，降低振动幅度，提高抵抗力。有一种抗震新法是在建筑物的基础及顶部固定两根钢条，使之呈 X 形状排列。钢条经这样处理后，达到了预应力的效果。这样加上预应力的钢条，在遇到地震时会起到建筑物的肌肉的作用，使建筑物发生斜向断裂的可能性减少 75% 以上。

更奇妙的是，生命建筑还有自动修复功能。生命建筑感觉到自身的某些部位破损时，建筑物内部的一些纤维小管破裂，管内的异丁烯甲酯剂和硝酸钙溶剂，便流出自动修补混凝土结构。

地震救援利器——生命探测仪

此次汶川地震，救援部队用生命探测仪，对被埋于倒塌建筑物、废

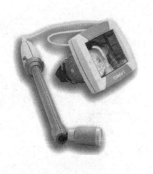

墟里的幸存者进行救援。

那么，生命探测仪到底是一种什么仪器呢？

一般说来，生命探测仪是根据电磁波、声波、光波等物理学原理，通过

专用的传感器将物理信号转换成电信号、再经过滤放大后、输出可视或可听信号组成的能搜索、探测、寻找生命的仪器设备。

我们一般将生命探测仪分为：音频生命探测仪、视频生命探测仪、雷达生命探测仪、气敏生命探测仪以及其他形式生命探测仪（如磁场形式等）。

音频生命探测仪 该生命探测仪大多将声波传感器与震动传感器结合在一部主机中，既可以接收声波又可以接收震动波，提高了搜寻效率。

视频生命探测仪 该仪器很像"胃镜"，通过探头伸入灾害现场细小缝隙，可以直观地发现被困人员。

DKL 生命电磁波探测仪 是一种手持式生命电磁波探测仪，利用人类心脏或身体所发出的 3~17Hz 的低频率电波，被仪器放大接收，从而探测到人体生命的目标。使用长天线时，探测距离最远可达 500 米。

气敏生命探测仪 该仪器如二氧化碳检测仪能根据人体呼出二氧化碳的原理，搜索现场当固定空间内气体浓度上升到 1100ppm 以上时，就可以测到可能有人或动物存在的信号。

救援机器人

"毛毛虫"机器人 科学家目前正研制一种小型爬行机器人，他们期

望这种机器人有朝一日能够钻入碎石中帮助地震的援救工作。

该机器人的运动就像毛虫一样很有节奏地收缩爬行。它的工作原理相当简单，整个机器人由若干个装有铁磁微粒、水以及润滑剂的橡胶囊组成，使其爬行时受阻力最小。每两个橡胶囊之间由一副橡胶棒连接，通过磁场的作用推动机器人前行。

机器人只有几厘米宽，在磁场的作用下能够钻入细小的裂缝中去。它的身上除了有灯和照相机这两种装备以外，还有一排用于测量诸如放射能、氧气含量等因素的传感器。这样援救人员就能从中获知此处的援救工作是否能安全进行。

救灾蜘蛛机器人　日本科学家最近研制出了一种有 6 条腿、像蜘蛛一样行走的机器人，它将有望用于受灾现场救援和隧道、工厂的定期检修。

这种蜘蛛机器人重约 40 千克，每条腿有 4 个关节，关节通过马达驱动，可以弯曲和行走。它可以抓住网状物，从而倒吊在有网格的顶棚上移动。此外，"蜘蛛"的每条腿上都装有照相机和红外线传感器，身体部分还内置 3 台照相机，因此它能爬到人无法到达的危险地方进行拍照，并通过红外线传感器搜索地震灾害后埋在瓦砾下的幸存者。

另有一款类似蜘蛛的机器人主要用于排雷，其坚硬的手臂上装有用来发现地雷的金属探测器和尖端雷达。

地震作贡献

地震给人类带来了很大的灾难，可它也会作"贡献"。科学家利用地震来"寻找"石油，这是怎么一回事呢？原来，石油一般都"居住"

在地下岩石层"储油构造"里。我们只要找到了储油构造，就能找到石油。

地震波，就具备有在地下随便穿行的本领，而且能一下子钻到地下几千米深的地方。它会向我们"报告"：石油的家在这里！

地震勘探石油

发生地震的时候，地面也抖动起来了，于是在泥土和石头里也就产生了一种波浪——这就是地震波。地震波眼睛看不见，耳朵也听不到，但我们的身体能感觉到。

怎样才能造出地震波来呢？人们在地上挖一个小土坑，里面埋上一包炸药，接上雷管和电线。只要一通电，雷管就会立刻引起炸药爆炸。这就是人工地震。地震波从爆炸的地方，向四周的地下传播出去。

地震波虽然有在石头里跑路的本领，但也有个弱点：当它从一种石头跑进另外一种性质不同的石头时，总有那么一部分伙伴要被碰回去。

知识链接

地震之谜

地球上几乎到处都有地震，全世界每年发生地震100万次。然而，南北两极地区至今却从未发生过地震。这是为什么呢？

美国田纳西州蒙菲斯大学地质学家钟世腾，根据他30多年的研究成果提出了自己的看法。钟世腾认为：南极和北极的格陵兰岛内陆地无地震的主要原因，是由于地面上覆盖着厚厚的冰层之故。

极地冰雪覆盖面积都在80%以上，冰层厚度达300米以上。由于冰层的面积广、厚度大、分量重，在垂直方向便产生巨大的压力，使其下面的地壳板块都受到冰层挤压。更巧的是，冰层产生巨大压力，正好与地层构造的挤压相平衡，所以不会产生倾斜和弯曲，分散和弱化了地壳的形变，从而使地震无从发生。

只有那些穿行本领特别强的地震波，才能硬着头皮闯将过去。而一般的地震波就不能过关，只好被迫走回头路。

这些地震波在遇到石油的"家"时，受阻被碰回地面来，科学家设计的目的就达到了。勘探队且早已在地面上摆好了检波器。检波器能感受大地轻微的跳动——把地震波的变化检查出来。从地下碰回来的地震波到达地面，我们就从这些蛛丝马迹中找到了石油。

海底地震"CT 机"

我国科学家成功发明了近海工程高分辨率多道浅地层探测技术，又称海底地震"CT 机"。

海底地震"CT 机"是利用我国自主研发的人工地震发生仪，向预定位置发出地震波，让它穿透海面，直达海底地层。然后，再用专用高精度电缆将反射的地震波收集回来，经过特殊软件处理，从而得到清晰可靠的地质资料。"这就像穿越海底的望远镜，可以对地层、岩层进行精确勘测，误差不超过 0.3 米。"国家海洋局一所副所长刘保华博士介绍道。长期以来，在海洋勘测领域，国外的仪器和设备一直占据垄断地位，这项成果打破了国外的技术垄断。

据了解，海底地震"CT 机"可以勘测 100 多米深的浅海底地质构造、岩层，为我国近海油气资源开发和工程地质环境探测提供了高技术支撑，对海底施工、桥梁建设以及核电站建设等项目都有重要作用，一旦地下构造有异常都可以提前发现，避免不必要的损失。

海底地震"CT 机"已在多项国家重大工程项目建设中一显身手。在港珠澳大桥工程可行性研究、青岛海湾大桥工程地质勘察中，它帮助我们查明了桥址区海底构造、海域沉积层分布等情况，它为桥位的选择、施工设计等方面提供了重要的依据。

三、 大自然的"火锅"

在 1943年2月间，在山清水秀、土地肥沃的墨西哥西南部帕里库庭村附近，农民普里多发现玉米地里土地发热，土地里冒出烟火。他铲了些土想盖住它，但烟仍然冒个不停。

2月20日下午大地开始颤动，并能听到地声，一股浓烟从地裂缝中蹿出，直升上空。不多时喷烟的裂口扩大到2米左右，裂口里泥浆翻滚，像开锅一样。裂口越来越大，浓烟柱直冲高空。

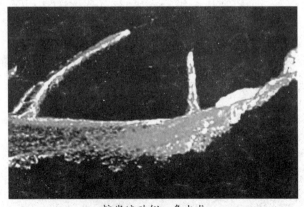

熔岩流动似一条火龙

1943年帕里库庭火山喷发的情景

第二天一早，玉米地里那个喷烟的裂口周围，已堆成一个 10 米高的小丘。一个星期以后，这座小丘增高到 100 米，从喷火口流出黏稠的岩浆，好像铁水奔流。岩浆流逐渐吞掉了整个村庄，居民被迫迁移。这座火山叫帕里库庭火山。

火山是什么

火山的英文叫"volcano"，这是罗马神话中的火神。这名字由地中海利帕里群岛的一座武尔卡诺火山音译而来，表示地下冒火现象。火山喷发

黑龙江五大连池火山口

溢出大量岩浆熔岩或喷发出火山灰和气体，还会引起地震或海啸。

虽然火山灾害仅发生在火山活动地带，影响范围不如地震那么广，但它给人类带来生命的威胁也是很大的。据统计，在过去 400 年里，火山喷发已夺去了 27 万人的生命，财产损失在百亿美元以上。

但火山对人类有过也有功：火山灰是天然养料，含有丰富的矿物质，对植被生长十分有利；火山爆发塑造出新的美丽奇异的地形，从而成为现今旅游胜地，如夏威夷火山旅游和休闲场所、日本的富士山、我国的黑龙江五大连池等；火山给人们带来温泉、矿泉水，还从地底下常常涌出金、银、铜、宝石、金刚石等矿物。

火山可分为活火山（经常喷发的火山）、死火山（很久以前喷发过，后来再也不喷发的火山）、休眠火山（一般不活动，偶尔喷发的火山）。地球上活火山有 523 座，其中 455 座在陆地，68 座在海底；死火山有 2000 余座。

火山的喷发

地球内的物质处于高温高压熔融状态，它们在地球内是不均匀的。地球自转使地球内部物质发生有规律的对流，有时会使熔融状态的某些岩浆集中在一起，形成热点。这些热点具有巨大的压力和热量，导致岩浆从地球内的断裂冲向地表，形成火山喷发。一般情况下，火山喷发都在构造板块薄弱的区域，也正好是热点活动所在处；热点的上方就容易形成火山口。

火山喷发时，岩浆流动距离有几米到几十米，甚至几千米到几十千米。随着时间的推移，熔岩逐渐被冷却形成锥状火山地形或台地。当火山无数次喷发后，熔岩和火山灰以及石块混在一起，越积越厚、越高，随着地壳的上升，这些火山堆积物就变成了山峰。

知识链接

火山的构造

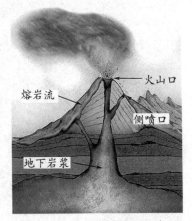

火山构造示意图

火山构造通常指火山通道、火山口、火山锥等。

火山通道指岩浆由地下上涌的通道。中心式通道呈管状。岩浆从通道喷出一般形成圆锥状的堆积地形——火山锥。顶部有一个漏斗状的凹口，称为火山口。如储存水则形成火山湖。火山锥根据物质组成的不同可分为三类：岩熔锥，如夏威夷火山；碎屑火山锥和层状火山锥，如日本富士山。裂隙式通道是狭长的裂缝，一般喷发的熔岩以基性玄武岩为主，它局限在洋中脊和大陆裂谷带上，如印度德干高原的高原玄武岩。

图中标注：火山口、熔岩流、侧喷口、地下岩浆

火山喷发的现象

火山喷发的前兆和喷发时的现象有：

地温升高　如 1943 年墨西哥帕里库庭火山喷发前，当地农民感到地下泥土很热，甚至睡在地里比家里更暖和，这就是火山喷发的前兆——地温升高的缘故。

地声　在火山喷发前发生，就像闷雷或沸水滚腾的声音。

喷气、喷灰、喷泉　火山爆发时常常有火山灰与气体混合喷出，喷入天空形成火山灰云。

美国黄石公园是著名休眠火山区，有 100 多口喷泉。其中有一口泉水每间隔 66.5 分钟喷发一次，每次持续 5 分钟。水柱高达 40 多米，每次喷水量约 4 万升。它天天这样喷，因此大家给它一个美名"老实泉"。世界上还有相隔 3 小时喷一次的喷泉——勘察加的维利干喷泉。我国西藏多雄藏布河流域的塔格架间歇泉，最高可喷 20 余米，是目前我国喷得最高的喷泉。

另外，火山喷发时会有一系列小震。它由火山陷落或岩浆活动引起，人们一般不易觉察。

火山喷发的形式

地下岩浆通过管状火山通道喷出地表，称为中心式喷发。这是现代火山活动的主要形式。火山喷发的形式有中心

美国"老实泉"

2004年6月8日，位于东爪哇岛的布罗莫火山于15时20分开始爆发，喷射出的火山灰和浓烟高达3000米。

式喷发和裂缝式喷发两种。中心式喷发还分猛烈式、宁静式两种状态。

中心式喷发 圣海伦斯火山位于美国西雅图和波特兰之间的喀斯喀特山脉中，它的喷发非常猛烈。1980年前，它高2903米，山顶终年积雪，风景优美。1980年5月18日晨发生了5.1级地震后，沉睡了123年的圣海伦斯火山再次爆发。爆炸力将山顶炸去400米，火山灰和水蒸气直冲云霄，高达近万米。部分山谷和河流被崩塌物和火山石块、碎石所填充，面积达62平方千米。天然森林被毁面积达259平方千米。熔岩经过之处万物皆毁。它爆发的能量相当于美国二战期间投向日本广岛原子弹的500倍。

夏威夷群岛上的火山群喷发虽然比较频繁，但并不强烈，属于宁静式喷发。其中的冒纳罗亚火山是现今世界上最大的活火山。1984年3月喷发时，喷泉高达600多米，景色壮丽，吸引了不少旅游者和地质工作者前来观赏。它高出海面4171米，底部在海面以下5182米，火山的

知识链接

热点区域产生岛屿

板块发生移动，火山也随板块一起移动而热点仍在原处。

原火山向前移动形成新的山峰，原热点又形成新的火山，无数次喷发后又形成山峰或岛屿；板块不断向前移动，又形成新的岛屿山峰，热点再一次形成另一座火山，周而复始形成新的地形，直到热点热量消失。

直径是 400 千米。因此它从顶到底高度近万米，可看成是世界上最高的山峰。

裂缝式喷发　指岩浆沿着地壳上巨大裂缝溢出地表。这类喷发没有强烈的爆炸现象，喷出物多为基性熔浆，冷凝后往往形成覆盖面积广的熔岩台地。如冰岛在大西洋中有一条北东方向裂缝，长达 36 千米。玄武岩熔岩流宁静地向外流出，从 1983 年 6 月 11 日起持续 3 个月，裂缝最终被熔岩堵塞，堆成一行几十座小火山堆。印度的德干高原和我国内蒙古高原都是火山裂缝式喷发而形成的。

火山喷发的产物

火山喷发的产物有气体、液体和固体。能保存下来的只有液体和固体。如熔岩、火山碎屑、温泉、喷气泉等。

熔岩　火山喷出的熔浆，逐渐冷却后便形成熔岩。由于熔岩表面冷却快，而下伏熔岩温高仍在流动，并推挤上面的熔岩，从而形成各种特殊的形状，景观奇美。

火山碎屑　火山碎屑是火山喷出的固体物质，大小不等，形态各异。它可以从火山通道中产出，也可以由火山喷到空中后熔岩冷却而成。火山碎屑物质有火山灰、火山砾、火山块、火山渣、火山弹等。

气体、温泉　火山喷发时有大量气体外溢和喷出，气体

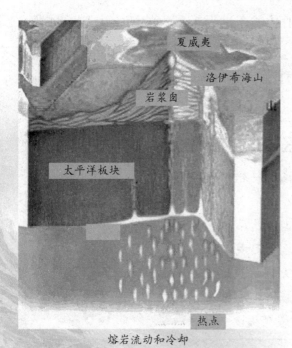

夏威夷
洛伊希海山
岩浆囤
太平洋板块
热点

熔岩流动和冷却

中 95% ～ 99% 是水蒸气，此外还有氯化氢、硫化物、氢气、氮氧以及其他各种微量气体。当浓度高时，对人、动植物都有危害。如 1970 年冰岛海克拉火山爆发时，喷出大量富含氯化物的火山灰，降落在牧草上，有 1 ～ 6 毫米厚，使食草的牧羊死去 7000 头左右。对火山喷出的气体，如果人们不及时采取措施，还会发生中毒或窒息。如非洲喀麦隆尼奥斯火山湖于 1986 年 8 月 21 日喷出火山有毒气体，导致 1700 名村民死亡，3000 多头家畜被毒死。

在火山喷发间歇期往往出现许多温泉，有喷泉和喷气等活动。如长白山火山已停止活动 270 多年，至今仍有许多温泉，个别温泉温度可达 80℃。我国黑龙江五大连池火山停止活动 250 多年，至今仍有温泉存在。温泉水中含有大量的矿物质，对一些疾病有良好的疗效，是疗养的好地方。温泉还能利用它的热能进行发电或取暖。如我国西藏羊八井就利用地下热能发电。

火山博物馆

黑龙江五大连池是由火山喷发形成的，是我国的火山自然保护区。五大连池是由 5 个串珠状排列的湖泊而得名的，它位于我国黑龙江德都县的北部、小兴安岭西侧。实际上，五大连池是由 14 座平顶锥状火山组成的。据记载，位于火山群中央的老黑山和火烧山，于 1721 年先后两次喷发，喷出大量熔岩流，堵塞了白河，形成了五大连池。

熔岩流

黑龙江五大莲池绳状熔岩

绳状熔岩

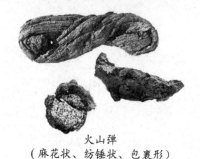
火山弹
（麻花状、纺锤状、包裹形）

如果你有机会来到五大连池，一定会被这里奇异的火山景观所吸引。远眺，那气势磅礴的火山熔岩，俨然如中国神话中的巨龙；那奔腾向前的熔岩流，犹如汹涌澎湃的河流。近看，怪石林立，千姿百态，那些各种形状的火山弹，形象逼真，耐人玩味。

在五大连池的药泉山下，各种各样的矿泉，翻着珍珠般的水花，终年不断。著名的有南泉、北泉、南洗泉和翻花泉等。它们被民间用来治疗皮肤病、风湿病及消化系统等病症已有上百年的历史。通

知识链接

"魔鬼塔"与"巨人之路"

"魔鬼塔"矗立在美国怀俄明州黑山松林附近的波状平原上，是由约5000万年前第三纪时代的火山喷发形成的。它那塔一般的巨大的岩柱高264米，顶端直径84米左右，底部直径305米。岩柱由许多六方柱的玄武岩组成，远看如擎天而立的摩天大楼。美国总统宣布魔鬼塔为美国第一号名胜。

魔鬼塔

世界奇迹"巨人之路"，在英国北爱尔兰东北部的安特姆海岸，也是由5000万年前一次巨大的火山喷发形成的。它就像台阶式的石道，由天然的38 000根六棱状玄武岩石柱构成。

六方柱的奇石——玄武岩

过勘探，现已查明南泉、北泉是属于铁质重碳酸盐矿泉水，饮用它可治疗神经衰弱、胃、肾、肝和心血管等疾病。南洗泉和翻花泉是供洗浴用的泉水。

五大连池是一个宏大的天然火山地质博物馆。它不仅是新奇的风景区，而且还是丰富矿产资源的宝地，也是科研和教学的重要基地。

火山的"作品"

位于那不勒斯湾东面的庞贝城，是一个风景优美、街道商业繁华、建筑富丽堂皇的城镇。在城中央有圆形露天剧场和宏伟的阿波罗神庙，透过神庙就可以看见维苏威火山。

公元 79 年 8 月 24 日中午，维苏威火山突然爆发了。顷刻间，天昏地暗、地动山摇，温高约 1000℃ 的熔岩滚滚而来，火热的砾石先是飞上 7000 米高空，再像暴雨似的从天而降。许多地方引起了大火，浓烈的硫磺味使人感到奄奄一息。

粗气孔的玄武质浮石块

维苏威火山在持续 19 小时内先喷白色浮岩后又喷出灰色浮岩；到 25 日，它又涌出 6 条达 15 万吨的火山碎屑熔岩流。火山灰和碎屑等物质降落了 3 天，厚度达 4.6 ～ 7.6 米，厚厚的火山灰埋葬了繁华的庞贝城，庞贝城中的人们也被厚厚的火山灰所掩埋。

1861 年，意大利国王命令大规模挖掘，使庞贝城重现光明。最让人震惊的是，埋在地下千年的庞贝城保存完整。原居民的遗体没有腐烂，已成为完整的空壳，经石膏灌浆后，变成活的"人体模特"。每个人的脸上显示出当时的绝望和痛苦。这是历史上的见证，是火山留下的"不朽的作品"。

死亡之湖

那是 1986 年 8 月 21 日，天气炎热，在城里外婆家玩了一个多星期的小波卡，跟着爸爸妈妈正走在回家的路上。他们的家位于喀麦隆首都雅温得西北 200 千米的尼奥斯湖边的山坡上。尼奥斯湖是一个景色很美的湖。小波卡一家祖祖辈辈住在这里，靠捕鱼和种田为生。这里山清水秀，绿树环绕，可称得上是人间仙境。

天渐渐黑了，当小波卡一家快到自己的村庄时，突然从尼奥斯湖里传来一声巨响，只见湖面上突然波浪翻滚，清澈的湖水变成了黄泥汤，气体不断从湖水中喷涌出来。小波卡闻到了一股浓烈呛鼻的气体，便失去了知觉。

当小波卡醒来时，发现自己已躺在病床上。原来，村庄附近的尼奥斯湖地下有火山活动。小波卡听到的巨响是由于火山以及湖底沉积物活动发生爆炸而产生的，二氧化碳随着火山活动从湖底冒出，大量的二氧化碳覆盖了整个湖面，并像洪水似的吞没了湖的下游几个刚刚进入睡梦的村庄，很多村民还未苏醒就中毒身亡了。

醒着的村民发觉有毒气侵入，拼命打开门想往外冲，没跑几步便倒在了地上。于是四处都是因缺氧窒息而死的村民，屋里、街上、森林里、田野里、河流里，尸横遍野。小波卡一家幸好在上风处，所以受毒较轻。

火山喷射毒泥浆

2007 年 5 月 28 日，在印度尼西亚东爪哇省的诗都阿佐，一座泥火山的火山口

火山泥浆

什么是火山岛和泥火山

　　火山岛是由海底火山喷发物质堆积而形成的岛屿。一般有单个火山形成的岛屿，也有多个火山群形成的岛屿。火山岛面积较小，但坡度较陡。我国的火山岛主要有台湾省的赤尾岛屿、黄尾屿、钓鱼岛等。澎湖列岛和海南岛原来也是火山岛，后因岛屿下沉，珊瑚附着岛旁生长，形成珊瑚岛。

新疆独山子泥火山口

　　泥火山是由地下喷出的泥浆而形成的火山。随泥浆喷出的还有各种气体或液体，如甲烷、乙烷、丙烷等。泥火山下面往往储藏石油，我国新疆和台湾都有泥火山。

浓烟弥漫。因地层遭石油勘探公司破坏，这座火山不断喷射出有毒泥浆，导致附近 600 公顷范围内的居民、工厂和农场纷纷撤离。印尼已计划在这座泥火山周围建造 15 层楼高的混凝土大坝，以阻挡火山喷射的有毒泥浆，使周围居民免遭其害。

　　按照计划，这座环形大坝的直径大约 120 米，厚 10 米，高 48 米，主体由混凝土建造，内含两层钢筋层，其重量和坚固性能拦住喷射出的泥浆。而被拦住的泥浆不断堆积，则可以阻断泥火山。

　　大坝上还将设置可从泥浆中抽取水分的机器，抽出的水流下大坝形成瀑布，通过管道排放到附近河流中。

　　另外，工程师还计划在大坝上建造地理博物馆和公园。如果这项尝试成功了，火山周围将重建一座城市。

给火山做胃镜

　　日本科学家实施了一项关于火山和地震的庞大的科研计划，他们凿

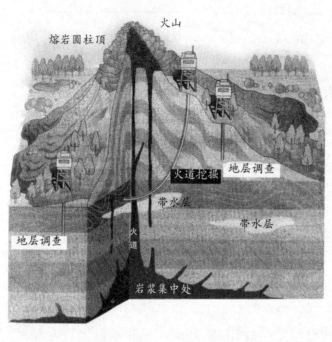

熔岩圆柱顶

火山

火道挖掘

地层调查

带水层

带水层

地层调查

火道

岩浆集中处

穿日本长崎县内著名的活火山——云仙普贤岳的山腰，以达到直接观测与分析火山的岩浆通道的目的。

钻入火山 挖掘过程将分为两个阶段。第一阶段是从普贤岳距离火山顶4000米处的一个平台垂直向下挖掘，目的是调查火山性积蓄物相互堆积形成的构造物，这次行动被称为"预备演习"。第二阶段是正式开挖火道。最终，科研人员想在已形成熔岩圆柱顶的"平成新山"(火山顶西南1千米处)处，以斜面的走向直逼火山的中心通道，设想挖掘到距火山口下面约1500米的火道处。

不少学者担心，如此大胆、如此冒险的挖掘，会不会触发一场大规模的火山爆发呢？回答是不会的。因为科学研究证实，在温度已下降的火道内部，熔岩通常是呈凝固状态的，不可能引发火

知识链接

探测火山的机器人

"但丁2号"机器人

1994年科学家发明了"但丁2号"机器人，它带有摄像机和激光装置，可以对火山喷出的气体进行分析和绘制火山三维图像，以帮助科学家判断火山是否会再次喷发。

山和地震！

"诊断"火山　迄今为止，对火山爆发及火山性地震的研究仅限于从地下喷出来的岩浆及近地表的火道。为了更好地了解火山，只有给火山"做个胃镜"。

观测地表内部的诸工作，可以看作是一个"诊断"火山的过程。首先采用"听诊器"（可用声波探测的仪器）来听一下内部的情况，而后，再作能够看到火山构造的"胃镜"检查，就可进一步捕捉到火山的真相。科学家认为，这种方式能获得第一手资料，建立一个正确的火山活动模型，对预报火山爆发能带来很大的帮助。

火山喷发的监测

火山喷发的监测与地震的监测类似，主要是监测火山地区的以下情况：

——噪声异常，地声隆隆，山体破裂声，地温升高等。

——野外动物迁移、情绪异常。如冬季蛇出洞和搬迁，大象、兔、鼠等大小动物成群逃离，鸟成群飞翔，远离火山区。

——地下水发出气味，颜色、水温、水质发生异常，微量元素增多等，地下水位变化无端。

——地震增多，地磁、地电、水氡、红外线异常等。

地质学家们利用遥感图像和测试雷达图像，获得人们无法从地面上接近火山获

研究人员穿防火衣在火山区实地观察

日本对富士山的监测

　　日本富士山位于东京以西 100 千米处，是一座休眠的火山。自公元 781 年以来，富士山至少喷发了 18 次，最近一次喷发是在 1707 年。专家们认为，富士山目前（2006 年）具有中等程度的喷发风险。为了保护东京居民的生命财产，日本气象厅在富士山周围设立 15 台地震仪、3 台侧斜仪和 8 台全球定位系统（GPS），日以继夜地监测富士山火山活动情况。一旦有喷发显示，即在短时间内将居民撤离危险区。

夏威夷火山测试雷达成像图

取的资料，并对火山地区进行实地调查，进行综合分析。根据实情进行长期预报、中期预报和临近喷发预报以及喷发后的趋势预报等。

　　目前我国和世界上一些国家都建立了火山观测站。利用红探测仪、激光探测仪、地磁仪等对火山地区进行监测，了解火山喷发前的发展状况和趋势。研究人员甚至穿着防火服到现场实地观察，以掌握实情，有效地预防火山喷发。

熔岩改道

　　海拔 3263 米的埃特纳火山耸立在意大利西西里岛的东海岸。1983 年春天，埃特纳火山经过多年的平静之后，又突然爆发。大约每天喷出 170 万立方米的熔岩，熔岩从山南侧的火山口流出，以每小时 80 千米的速度向山下冲去，很快吞没了山下 100 多座建筑，把千万亩果园和农田毁为焦土。当熔岩越流越远、并开始分散开来时，几处村庄的村民惊恐万状，向意大利政府紧急呼救。政府打算聘请爆破专家用爆破方法改变熔岩流动方向，以拯救村民。

怎么才能让熔岩改道呢？

这次火山熔岩是沿着一条陡峭通道流动的，通道不远处有一大片洼地。科学家设想，如果用爆破的办法把通道的陡壁打开，熔岩便会流进洼地，不再危及村庄。

1983年5月10日凌晨，在意大利西西里岛的埃特纳火山喷发口不远处，突然有几道亮光划破天空，紧接着响起了"轰轰轰"三声巨响，火山通道的陡壁打开了。浓烟消散之后，只见一股火山熔岩，像刚出炉的钢水，缓慢地从一个缺口处流入预先挖好的人工渠道，一条"大龙"沿渠道游向大海。这就是人类历史上首次用人工爆破方法改变火山熔岩流向的大胆尝试，它成功了。如果人们能够在火山周围预先挖渠道供火山熔岩紧急排泄，减少熔岩的四处蔓延，减少人畜伤亡，这将是一项非常勇敢而有益的事业。那些分布在沿海和海洋的岛屿上的火山，一旦喷发，我们把熔岩导向大海，不仅可以填海造陆，缓解世界上人多地少的矛盾。

造福人类

长期以来，火山被人们称为"魔鬼的烟囱"，谈之色变。1902年5月8日，西印度群岛中央的马提尼克岛上，培雷火山突然爆发。顿时，烈焰冲天，熔岩滚滚，山脚下的一座小镇——圣皮埃尔镇眨眼间就被熔岩埋没了，镇里的三四万居民中只有两人幸免于难……

然而，世界上的任何事物往往是有弊也有利的。火山也是一样，火山在普通人们的眼里是凶恶的自然灾害，可是如果我们因势利导地加以利用，火山也会成为人类温驯的"天使"。"轰轰轰"的爆发声正恰如来自地下深处的"福音"。

金刚石"制造厂"

火山爆发时，常常以毁屋伤人的猛烈形式出现，可是火山爆发出来的物质却是非常宝贵的。世界上一些价值连城的金刚石多数是火山喷发出来的，因为天然的火山喷发通道会产生高温高压，大颗粒的天然金刚石往往容易在这种条件下形成。南非的金刚石产量堪称世界之最。它们就是在火山地区采集到的。以后随着人们采集能力的提高，将有更多的金刚石被发掘出来，"火山物质"有可能成为"金刚石"的代名词，那时人们如想有一枚金刚石戒指就一定不会像现在这么昂贵了。

天然化工厂

火山还是一座不耗人类资源和能源的天然化工厂。美国的阿拉斯加州有座火山叫万烟谷。这个火山每年喷出氯化氢气体125万吨，喷出氟化氢气体20万吨。如果人们能将它们全部搜集起来加以利用，就会既避免气体造成的环境污染，又能运用它们为工农业生产服务，阿拉斯加的人们也就会不必因缺乏氯化氢和氟化氢这两种宝贵的化工产品而发愁了。对能正确利用火山的人而言，桀骜不驯的火山也是可爱的。

能源宝库

冰岛是北大西洋北极圈内的一个国家。在岛上有300多座火山，其中有30多座是活火山，随时都有喷发的可能。冰岛人并没有被吓退，他们在突突冒烟的火山口附近，打上若干斜井，把火山蕴积的能量缓慢地分期分批地沿斜井释放出来，并把这些火山能量输向附近的电厂去发电，进行造福人类的能量转换，而不是任其自然地猛烈喷发，祸及人民。

冰岛非常寒冷，人们用从火山中导放出来的热量给居室送暖气，甚至用火山能量去做饭、烧水、沐浴。在冰岛，你会看到这样一种奇观：大大小小、形状各异的输能管将从火山口附近的斜井里引出，曲曲折折地送往千家万户；人们在四季温暖如春的气温下舒适地生活，各种花卉四季吐艳，散发着迷人的芳香……

今日还在威胁着冰岛人生存的火山就会戏剧性地摇身一变，成了冰岛人的"能源宝库"。

肥料工厂

古巴具有"世界糖罐"之称，它盛产甘蔗。中美洲的厄瓜多尔和东南亚的菲律宾又盛产大个的香蕉。这些国家经济作物，都得益于它们拥有极其肥沃的天然土壤——火山灰土壤。火山灰中具有多种有益的肥料成分，会给作物生长提供源源不断的养分。将来，也许"火山肥料"将永远是主要肥料，人们甚至可以在火山频发地区建立"火山肥料工厂"。把价廉物美的火山肥料运往世界各地，促进其他地区的作物生长。

人们可以利用休眠的火山景观和火山物质、火山能量，修建旅游网点，种植作物，建工厂、修电站等。

四、大海的咆哮

海啸和地震一样，是天灾中对人类破坏性、危害性最严重的。由于海啸的发生与地震休戚相关，因此二者被人们称为天灾的"双胞胎"。

恐怖的海啸

海啸是由地震、海底火山喷发和水下滑坡、塌陷所形成的长周期、长波长的巨浪。海啸的巨浪与一般的海浪不同。海啸的波长（水波的长度）达几十到数百千米，两个海浪之间的时间周期为 10 ～ 20 分钟，甚至可达 200 分钟，是一般海浪的 30 倍。

海啸前进的速度与海水的深度成正比。在深海里海啸能高速前进，如太平洋上的海啸能以每小时 720 千米的速度向前推进，它的速度和一架飞机差不多，其冲击能量大得难以想象。

由于海啸形成水波的波长很长，波幅很浅，海啸在深海区不会造成危害。但是当海啸由深水区到达浅水区时，速度虽减，而能量却尚未减弱，于是海水陡涨，海浪骤然形成"浪墙"。当浪墙打到海岸时，它高达几米至几十米，会爆发出无可估量的巨大杀伤力。

浪墙

海啸形成的巨浪从远处而来

海啸形成的巨浪

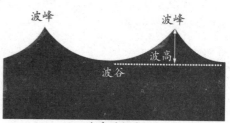

波浪的组成

发生海啸的地方

海啸与地震虽然是"双胞胎"，但并非所有地震都能引起海啸。海

2004年海啸形成过程图

啸的形成有三个条件：第一，海水深度在1000～2000米。一般深海区比浅海区容易产生海啸。第二，海底发生6.5级以上地震，震源深度在40千米以内。第三，有适合的地质环境，如海底大断裂发生错动或海底发生大地震或火山喷发等。据统计，在1.5万次海底构造地震中，大约只有100次能引起海啸。

海啸不是地球的每个地区都会发生的。从公元358年至今，全球发生的近5000次破坏性地震海啸中，约有85%的地震海啸分布在太平洋地震火山带上，包括夏威夷群岛、阿拉斯加、堪察加群岛、日本、中国台湾、菲律宾、印度尼西亚、新几内亚、所罗门群岛、新西兰、澳大利亚、哥伦比亚、厄瓜多尔和智利沿海等地；其次是地中海沿岸和印度洋。

海啸对中国的影响较小。这是因为我国海水深度较小，而且我国地震大多数属浅震，6级以上地震较少。从地震的震级和海深条件分析，只有我国台湾岛和南海有产生海啸的自然条件。

不过，我们也不能因此而高枕无忧，我国已积极做好海啸的预测和预防工作。

海啸杀伤力

地震使海底地壳急剧升降并引发海啸后，波浪随之涌进浅水海域，浪头骤然增高，好似海中耸立起一堵高墙，如果海啸到达岸边，高高的"水墙"以迅雷不及掩耳之势奔扑而至，将沿途的一切房屋、树木、人畜、财产一口吞没而去。然后海啸波又卷土重来，就这样一进一退，无坚不摧地多次急剧往返，使波及地遭受无可挽回的洗劫。因此，也有人称之为"杀人浪"。

1960 年 5 月在智利的蒙特港附近海底，突然发生了罕见的 9.5 级强地震。地震后引起了有史以来最大的一次海啸，其波及范围之广与能量之大，是所有海啸中绝无仅有的。海啸生成后，浪高达 25 米，首先冲向智利海岸，数以万计的人无家可归。巨浪涌向整个太平洋海域，还扑向新西兰、澳大利亚、菲律宾、夏威夷群岛和日本海岸。到达日本海岸时，其速度可与飞机相比拟，其波高达 6.5 米，把日本本州岛的太平洋沿岸洗劫一空。

海啸能量

海底地震是海啸发生的最主要原因。在深深的海底，地震的发生要比陆地上频繁得多。据统计，全球 80% 的地震都集中在幽深的海底，特别是在太平洋周围海洋平均深度 4000 米以上，终年暗无天日的海沟里以及它附近与群岛区的深渊中。

海底地震是异常猛烈的。这些地震每年释放的能量，足以举起整座喜马拉雅山，其爆炸力可与 10 万颗原子弹相比。

历史上最为有名的海底地震海啸，首推公元前 1450 年间发生在地中海希腊东南的一座西雷岛上，那

次由于海底地震造成火山爆发，竟将整个岛屿抛向高空，随后轰然巨响着坠入深深的海底。巨大的海啸使西雷岛上的米若阿文化毁于一旦。而在 1700 年 1 月 26 日，美洲西海岸的里氏 9 级的大地震造成的海啸，

则将当地的村庄全部吞没。海水退去后，人们在森林里竟然发现了一条搁浅的鲸鱼！

惨重的灾难

近 40 多年来灾情最惨重的一次海啸是 2004 年印度尼西亚大海啸。

2004 年 12 月 26 日，在印度尼西亚苏门答腊岛的北部城市帕丹东北 49 千米海域中，发生了近百年罕见的里氏 9 级地震。地震持续大约 10 分钟。

海啸席卷印度马利那海滩

震后 15 ～ 20 分钟时，由于印度洋板块俯冲到缅甸小板块下，板块之间相互猛烈挤压，使海底升高 10 米，形成 1200 千米长的隆起带，将海底的海水划动成约十亿吨的水柱，向前移动和搅动而形成海啸。

这时，海啸以每秒 200 米的速度向四周推进，半小时后到达印度尼西亚北端班达亚齐。这时 10 多米高的海浪猛向岸边冲去，将海边的几百吨鱼船抛至陆地，又以势不可挡的力量吞噬一条繁荣的街道，卷起了汽车、房屋和行人，并将他们拖入大海。大约 1 小时后海啸登陆泰国南部普吉岛，顷刻间无数的游客和财产随着巨浪而消失。两个半小时后，海啸又波及印度、斯里兰卡，最后冲向索马里。被海啸侵袭的城市遍地尸体，各类设施破坏殆尽，天堂般的海滩成为地狱般的废墟。

这场海啸中，遇难者总数达 30

印度洋海啸的情景

万左右，仅印尼一国死亡就达 23 万余人；经济损失 44.5 亿美元，如果重建需要 100 亿～ 120 亿美元。斯里兰卡遇难人数 3 万多人，儿童占一半。印度遇难人数 1 万余人，经济损失 1 亿美元。迷人美丽的泰米尔纳德邦的海滩变成露天停尸场，尸体腐烂，就地火葬，造成严重的环境污染。马尔代夫是南亚美丽的珊瑚岛国，首都三分之二被海水淹没，经济损失达数亿美元，而该国的全年经济总收入才 6.6 亿美元。

海滩小天使

应该说海啸发生前是有前兆的，但它不像地震那样明显。一般海啸前有地震，等海啸出现前兆时，往往会被误认为仅是地震的前兆，而忽视海啸即将发生。一般海啸发生的前兆有：原来清澈的海水变得混浊、冒气泡，并突然快退和快进，形成不规则的滚滚恶浪。

2004 年 12 月，在印度尼西亚发生海啸前，英国的 10 岁女孩蒂莉与她妈妈在泰国普吉岛海滩上游泳。她见到海水冒泡和海水突然退下等现象，回想起地理老师曾介绍过"在海啸来临前 10 分钟左右，海水会

知识链接

大象救人的故事

海啸发生之前，很多动物对自然灾害几乎都有某些超出人类的预感，大象也有这种"特异功能"。在斯里兰卡亚拉国家野生动物园内，海啸袭击时，野生动物都安然无恙，原来它们都逃跑了，等海啸结束后，它们又回来了。

泰国普吉岛北部的一个旅游胜地，骑着大象的游客，突然发现这头大象疯了，带着他就往山上跑。他紧紧抱住这头象，不知怎么回事，惊慌失措。赶象的人也不知道怎么回事，追着它。跑到山顶时候，大象慢慢地停下来了。游客回头一看，后面的海浪快淹到了山腰。

海滩上的大鱼

出现快速退潮和海水变混浊的现象"。她立即告诉妈妈和海滩上的游客，并与他们一起撤离了海滩。海啸来临后，这片海滩无一人遇难。事后，游客高兴地称呼蒂莉小姐是"海滩小天使"。

海啸发生前，海里大量的海鱼被巨浪送到岸边而死亡，因此海滩上有大量的死鱼。可是有人却误传海上要出现大海潮，成千的大人和儿童都去海滩上观潮。他们见到巨浪卷上海滩的大鱼也不警惕，还期待着乐趣和收益，纷纷去拾鱼。结果高达3～6米的巨浪快速袭来，瞬间吞没了"快乐的拾鱼人"。他们声嘶力竭地反抗和叫喊，最终无情的海浪还是吞没了他们。

遇到海啸怎么办

假如遇到海啸怎么办呢？

首先，地震是海啸最明显的前兆。如果你感觉到较强的震动，不要靠近海边、江河的入海口。如果听到有关附近地震的报告，要做好防海啸的准备，注意电视和广播新闻。要记住，海啸有时会在地震发生几小时后到达离震源上千千米远的地方。

其次，海上船只听到海啸预警后应该避免返回港湾，海啸在海港中造成的落差和湍流非常危险。如果有足够时间，船主应该在海啸到来前把船开到开阔海面。如果没有时间开出海港，所有人都要撤离停泊在海港里的船只。

最后，海啸登陆时海水往往明显升高或降低，如果你看到海面后退速度异常快，应立刻撤离到内陆地势较高的地方。

预防海啸的方法主要有：掌握海啸前兆等特征，用科学知识做好监测工作；应用卫星查获大洋中海浪高度的变化，预算海啸侵袭沿海的时间和浪高的变化；建立海啸的预警系统，有效地监测海啸。

从地震到形成海啸是有一个过程的，这过程有十几分钟到半个小时，甚至 1 个小时以上。如果人们预见到或预测到海啸即将发生，那么也可有足够的时间去逃避和减少人员伤亡。

如 2004 年印度洋海啸从发生到印尼班达亚齐要 15 ～ 20 分钟，半个小时后到达斯里兰卡，一个小时后才到泰国、马来西亚的西海岸。如果预警正确，早得信息，人们从海边及时逃到安全区仅需要 15 分钟，这样就不会死很多人。所以做好海啸预警系统是十分重要的。

海啸预警系统

日本科学家已经研制出能精确预测海啸发生时海浪高度的模拟系统。这套模拟系统是以地上地震仪和海底地震仪的数据为参照，准确推测海底断层的长度和深度。在此基础上，再运用立体把握地壳作用的计算方法，算出海底断层的交错方向和大小，进而确认海啸发生时海浪的高度。

模拟系统的准确性在实验中得到了检验。1993 年，日本北海道地区西南部海域曾发生地震并引发了海啸，研究人员利用模拟系统准确

天线

天线发射器

浮标

传感器

海底压力记录仪

海啸预警系统

计算出了海浪到达北海道西部时的高度。

此外，德国科学家研发出一种先进的地震测量系统。该系统借助地面和海底传感器，通过人造卫星把信息传输给远方的计算机。

这套海啸预警系统的核心部件是一个装有 GPS 信号发射装置的测量浮筒以及安置在海底的压力水平测量装置。浮筒和压力水平测量装置可以把搜集到的水压和波浪移动等信息通过卫星传送出去。

而被抛入海中的传感器在自身重量作用下，沉到距离海面 5 千米的地方。它们能测量上方水流的压力和高度。这意味着它们能发现海平面发生的任何突然变化，以预知巨大海啸的形成。这些传感器每 15 秒钟完成一次测量，并把信息传输给一个浮筒，然后浮筒通过人造卫星把信息传输到监测中心。

监听声音预测海啸

美国科学家发现，通过分析印度洋地震海啸时发出的声响发现，规律性地记录声音的变化，也可以早期预知海潮的到来。现在，已有专门的麦克风通过监听海底的声音来检测海底地震情况。

2004 年 12 月 26 日晚上发生的印度洋海底地震使海床断裂，印度地块缓慢地向缅甸地块移动，海床的断裂引发了大海啸。

在专门的麦克风接收的声音信息中显示，地震的声响先增强，再减弱，然后再次增强。研究人员指出，地震经历两个明显的阶段，一个是在北部的快速震动，一个是南部的慢速震动。经过计算，第一个阶段经历 3 秒钟时间，海床的裂缝以每秒 2.8 千米的速度向北延展；在第二个阶段这个速度放慢到每秒 2.1 千米，直到裂缝触到板块边界才停止。这也证实对声音的研究比传统的地震测量方式能更加准确预测地震的过程、方向和速度。

卫星监测海啸

科学家对印度洋海啸发生前后由遥感卫星拍摄下的图像进行了分析，结果发现，用卫星监测海啸波的方法可能为海啸预警找到一条新途径。

据科学家推算，印度洋大地震发生 2 小时后，海浪高达 60 厘米。此后经过 1 小时 15 分，波浪高度减至 41 厘米。8 小时后，波浪高度仅为 5 ~ 10 厘米。

专家指出，这次发生在印度洋海底的强烈地震导致海床剧烈震动，从而在海面产生波浪并四处扩散。与普通波浪不同的是，海啸的水流运动不只限于大海表层，而是从海底到海面的整个深度。这一发现有助于建立海啸的计算机模型。

在印尼苏门答腊岛海域，高清分辨率的卫星图像可以看清楚 0.6 米的东西，通过它们，每栋建筑物遭受的破坏情况都能得到准确的了解。

植物可以反射红外线，因此卫星上的红外摄像头可以对波浪冲刷的大树和灌木进行拍照。这些照片可以帮助科学家对受灾地区进行正确的评估。

海啸"防护墙"

科学家在运用计算机模拟分析时发现，珊瑚礁可使海啸威力削弱一半，堪称天然的海啸"防护墙"。大面积的浅海珊瑚礁在减弱海啸对火山岛的冲击方面尤其有效。

不过，对于 2004 年的印度洋大海啸，当地珊瑚礁的作用不会太大，因为那次海啸掀起的海浪过大，而且珊瑚礁离岸太近。相对而言，许多海岛周边的珊瑚礁都离岸较远，能比较明显地消耗海啸能量，从而有效减弱海啸上岸时对陆地的冲击力。

珊瑚礁越"健壮",抵抗海啸冲击力的能力就越强。然而，工业污水、过度发展的海洋渔业、全球变暖导致海洋中的珊瑚虫大量死亡，珊瑚礁面积大量减少。目前全世界约 30% 的珊瑚礁严重受损，约 60% 的珊瑚礁到 2030 年可能会消亡。所以珊瑚礁不仅仅只是美丽的海洋景观，还具有保护陆地的功能，挽救珊瑚礁在某种程度上就是保护人类自己。

印度洋周边国家正在讨论建立海啸预警系统的问题，环境科学家则指出，把海啸灾难降到最低，其实有一个很简单的办法，就是在海边营建一个自然生态网：多栽红树，就能预防海啸。

沿海树木和灌木丛在这次的海啸灾难中挽救了成百上千人的生命，如果种植更多的红树，它们将来会发挥更大作用，确保成千上万人的安全。红树林可以在村庄和咆哮的海浪之间形成一道天然屏障，挡住汹涌的海浪。几千年来，红树林一直都是抵抗经常侵袭印度南部暴风雨的天然"缓冲器"。

孟加拉邦松达班沿海地区在这次海啸中遭受的损失并不大，正是得益于当地密集的红树林。海啸来临的时候，那里的水位从 90 厘米上升到 150 厘米。

可是近几十年，为了建造人工养虾池，大量红树林被砍伐。如果这些自然屏障没有遭到严重的破坏，海啸也许就不会带来这么大的灾难了。

海啸是一种自然现象，不可避免。但如果人类能够保护好大自然，也能减轻海啸的破坏。印尼海啸的威力比原子弹还大，它提醒人们不能再盲目征服和开发自然环境，必须善待自然，以科学的态度重建人与自然之间的和谐关系。

五、山坡上的"滑梯"

巍青山，此起彼伏，绵延千里。它时而奇峰突起，刺破青天；时而山峦逶迤，层层叠接；时而峡谷深邃，峭壁千丈；时而瀑布斜飞，跌水成雾……天然景色，真让人目不暇接。

咦！你们看！那边山坡上的一片小树林，为什么从半山腰起就长得歪歪斜斜？那本来应该是笔直的树干，为什么都不同程度地向着山坡斜躺着？

原来，这是一种特殊的地质现象。由于这些歪歪斜斜生长的树林就像是一群喝醉了酒、站立不住的醉汉，因此人们称之为醉汉林。那么，醉汉林又是怎么生成的呢？说起来，还有一段有趣的传说哩！

树木喝"仙酒"

传说，有一次八仙举办了一场隆重的盛会。酒席间，吕洞宾出了一个很难的酒令来考众仙。要说降妖伏魔，铁拐李有的是神通，但一搞起这种舞文弄墨的事来，就相形见绌了。结果，他总是输掉，只好一杯又一杯地喝罚酒。尽管他有几斗酒的海量，也还是被众仙灌得酩酊大醉。

席散以后，铁拐李辞别众仙，独自踉跄走去。走啊，走啊，当走到这儿的山坡时，终于因酒性发作，醉倒在地上。他这一倒不要紧，却把背上的葫芦给打翻了。这个葫芦是仙家的法宝，别看它不大，却能装喝不完的仙家美酒。这烈性的仙家美酒从葫芦中汩汩地流了出来，没多久便浸透了这山坡的土地，使得生长在这山坡上的树木，也都一棵棵喝饱了仙酒，同铁拐李一样，醉得东倒西歪，形成了醉汉林。

醉汉林果真是这样形成的吗？当然不是。古人对于这种自然现象感到不能理解，因而只得借助于那些超自然的神仙来解释。

真正的原因

那么，醉汉林究竟是怎么回事呢？

要搞清它的来历，最好的办法，还是先仔细地察看一番。你只要绕着醉汉林的边缘细细地进行观察，一定会发现，在醉汉林的边缘地区，土石常常显得十分凌乱。如果在醉汉林所在的山坡上面，有一片生长正常的同类树木的林子，那么你还可以看到，在这两片林子之间会有一定宽度的、土石凌乱的空地，上面没有树木。这些现象启示：这里的地皮曾经发生过滑动。这在地质学里叫做滑坡。正是滑坡使大片树木斜躺在

滑坡结构三要素

　　滑坡结构三要素是滑坡体、滑动面和滑床。斜坡边缘向下滑动的土石叫滑坡体。它的体积大小不等，大的可达几万或上亿立方米，小的几十立方米。滑坡体表面起伏不平，有许多裂缝，有些洼地积水生长植被成为沼泽。

山坡上，如同一群醉汉倒在地上一样。

　　滑坡是一种经常发生在山区，特别是一些坡度较大的斜坡地区的地质现象。

　　雨天，汽车在山路上行驶，有时会被公路上突然出现的大石块或者厚厚覆盖着的土石拦住；在有些山区，一些高耸的电杆常常会像醉汉林的树木一样，向着山坡斜躺着；甚至建筑在山坡上的房屋，也出现了同样的情况，因而坍塌了；环山的水渠有时也会突然错断。这些都是山体滑坡造成的事故。

"消失"的山头

　　1983 年初春，人们忙着春耕。有一位老人从女儿家回来，当他刚跳过一座山上的地裂缝返回时，突然一阵巨响，刚才走过的山头神奇般地消失了。老人惊吓得双腿发抖，坐在地上发现身后的村庄、房子、树木、小路全都没了，成为一片黄土原野！这就是 1983 年 3 月 7 日在甘肃省临夏回族自治州洒勒山发生滑坡的一个情景。

　　滑坡又叫"走山"、"垮山"、"移山"、"地移"等。通常把斜坡上的部分土层和基岩体，沿斜坡内一个或几个滑动面，整体向下滑动的现象叫滑坡。

　　滑坡会摧毁城镇、公路、铁路、水库等工程，还可堵塞河流、河道，形成堰塞湖。如美国每年滑坡灾害引起的经济损失约10亿～20亿美元，意大利由滑坡灾害造成的损失占全国灾害损失的三分之一，我国滑坡灾害损失每年也要数十亿元人民币。

为什么会产生滑坡

为什么在同一地区的斜坡，有的发生滑坡，有的却不发生滑坡呢？滑坡的发生取决于区域地形、地质条件、气候、水文条件以及地震的分布等，常与地震活动构造带有着密切的关系。如我国主要滑坡分布在西南地区，即云、贵、川、藏等地区。这些地区地形陡峻、岩层破碎，有不少地区属地震强烈区。在地震和暴雨等自然因素的诱发下，往往出现巨大的山崩和地滑。

断层与斜坡方向不一致，不易形成滑坡

具体地说，造成斜坡的因素有以下几个方面：

斜坡的物质组成 坚硬的岩石如花岗岩、石英岩、石灰岩，不容易变形，很难形成滑坡。而软弱的岩石或松散的堆积物容易变形，容易产生滑坡。

内倾结构

斜坡的内部结构 岩石中的裂缝、断层、岩石的倾斜等对产生滑坡有着直接关系。岩层层面或断层的倾向与斜坡方向一致时容易产生滑坡。如四川凉山地区普雄河两岸都是红色砂岩。右岸为内倾结构，很少出现滑坡；而左岸为外倾结构，滑坡体便成群出现。

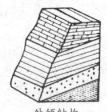

外倾结构

斜坡的地形特征 地形高、坡度陡的斜坡抗滑性差，容易诱发滑坡。

水的作用 水是滑坡体的润滑剂。降雨、江河湖泊对岸的冲刷、水库水的渗透、地下水的浸润，会使岩石的强度变弱，导致滑坡的产生。

地震 地震的振动会破坏斜坡上的岩石结构，促使斜坡上软弱岩发生滑动。震级愈大，破坏性愈强，滑坡更容易发生。这时滑坡与斜坡的坡度也有关系。据统计，地震发生后斜坡45°以下的容易发生滑坡。如1974年5月云南大关—永善地震后，产生28处滑坡，其中22处发生在坡度45°以下的山坡上。

人为因素 除上述自然因素外，人类活动也给滑坡带来隐患。在工业、交通、矿山、水利和城市建设中，由于大量开挖山体和不恰当的施工，常常造成滑坡。

水库崩塌

滑坡不仅会破坏树林、梯田、水渠、公路、水库等，有时候还会形成洪水般的泥石流，吞没山坡下的村庄和人畜，给人类带来极大的危害。

法国马尔巴塞水库发生的垮坝事故，就是一个突出的例子。马尔巴塞水库是世界著名的水库。它建于1952～1954年。坝呈半圆弧形，高出河床60米，坝基深入河床以下的岩石层6.5米。1959年11月末，那里持续下了一星期的暴雨，水库内的水位迅速上升。为了防止发生垮坝事故，水库管理人员于12月2日18时5分打开了泄洪洞阀门，让水库里的水以每秒60立方米的流量泄出。库内的水位很快就降低到安全指标范围内。这时管理人员又检查了水坝，没有发现有任何的异常迹象。

可是，到了21时05分，突然，"轰"的一声巨响，水坝中央部分破裂了。顿时，库内洪水汹涌奔腾而出，形成宽约1000米，高达7～15米的水头，以每小时70千米的速度，直向下游冲去。结果，距水库下游10千米处的弗雷茄斯城瞬时变成了废墟。洪水还冲毁了附近的铁路和公路。

事后的调查，这次垮坝事故的罪魁祸首就是滑坡。由于持续一星期的暴雨，坝基底部的岩石在水的作用下，发生迅速的滑动，使水库左岸边墩移动了 2～3 米，导致水坝破裂、崩塌。由此可见滑坡危害之大。

这个例子还说明，滑坡不仅会在土层中发生，有时候也会沿着岩石层之间的某一软弱的斜面发生。

另外，人们在深入研究滑坡现象以后还知道，滑坡并不一定都表现为土层和岩石层的迅速滑动，有时候也可以是一种缓慢的、不易为人们所察觉的蠕动。有人曾测得某些土层和岩石层的滑动，每昼夜仅有 1～14 厘米。别看它的滑动速度很慢，可有时候也同样会使堤坝破裂、铁路错轨……造成严重的灾害和翻车等事故。

怎样预防滑坡

滑坡是地质灾害，要防治滑坡，减轻损失，首先要认识滑坡，查明滑坡的类型、特征和发生、发展规律，落实监测的有效措施。监测滑坡的手段有地质调查、仪器监测、空间遥感技术的应用等。

为了预防滑坡，建设公路时应作地质勘探选好线路，尽量避开山崩、滑坡、泥石流发育的地区。对易发的地区，要做好地表水和地下水的排水工作，防止水对斜坡的冲刷；适当做好支挡工程如挡滑墙等，以减少滑坡的压力；采取爆破、灌浆等办法使滑动带固结起来，达到滑坡体稳定；加强维修和养护，尽快填平夯实新的裂缝、修复开裂的排水沟等。

遇到滑坡怎么办

当遇到滑坡时，要保持头脑清醒，判别清楚滑坡体滑动的方向、速度，迅速逃离危险区。如果在滑坡体上难以逃离时，要镇静，没法就近紧抱大树或柱子以自保或让他人来救援。

洒勒山滑坡发生在甘肃省临夏回族自治州的东乡县，距兰州仅 100

多千米。东乡县三面环水。北部是洒勒山，海拔 2283 米，是一座黄土山，坡度在 40 度左右。县境内大多是黄土丘陵地形，沟壑纵横。

洒勒山滑坡航空影像

1983 年初春，人们忙着春耕。3月 7 日那天，一位农民一家三口在一座山的附近种田、施肥。突然听到一阵闷雷，三人停下干活向响声处望去，只见山体像咆哮的海水一样向他们袭来，尘土高达千米，他们吓得丢下农具拼命向另一方向奔去，当他们无力再跑时，撒落的黄土已追到他们的身旁。

幸运的是，他们未被黄土淹没。而在田头的耕牛、农具都已无影无踪，全部被掩埋。滑坡发生时有 7 位农民正在洒勒山上干农活，突然山上的土石像飞毯一样从山顶上飞落下来。其中 6 位农民全被黄土覆没。一人下落时抓住一棵大柳树，人与树向下滑动 500 米左右停止下来，保住了性命。有一位拖拉机手经过滑坡地时，见到滚滚的尘土向他扑来，他连忙丢下拖拉机向旁侧奔跑，结果拖拉机埋于黄土中，他躲过了这场灾难。

洒勒山滑坡全貌

洒勒山滑坡体下落 300 多米，又向南推进 1600 多米，把东乡村边的巴谢河堵塞。巴谢河上形成一个小湖，把河旁的新龙村向南推了 800 多米，山旁的苦顺村被推到附近一水库中。土方将水库填完，水库水又洪水般地冲入到下面的王家水库。使 6700 余亩土地无法灌溉。滑坡还将近千米的路基全部冲垮，公路上的行人也随着黄土而消失。

洒勒山滑坡总体积约 3100 万立方米，堆积面积 1.3 平方千米，摧毁了三个村庄，伤亡 260 余人。滑坡的产生，既有自然条件的原因，又与人为工程活动破坏了山坡的生态平衡有关。

滑坡发生前是有前兆的，如地裂不断增长、增多、增快。1979 年秋，洒勒山裂缝才近百米长、20 余厘米宽，到 1982 年春，裂缝已发展到几百米长、20 余厘米宽。滑坡发生前有些人家房梁发响，有人感到地动、地响，山沟中水发浑，山崖向下掉土块，村中鸡狗乱跑乱叫等。为此当地政府立即动员山上 7 户居民搬迁。哪知他们缺乏滑坡常识，都搬在山脚下。结果由上而下的滑坡把这 7 户村民全掩埋于黄土之下。

滑坡的监测

滑坡伸缩仪　仪器主要对崩塌滑坡体位移进行监测预警，可以同时对一个主滑坡体的多个活动裂缝进行多级监测。滑坡伸缩仪连接无线遥控模块即可成为最先进的无线伸缩报警仪，滑坡伸缩仪设计为有线／无线两用预警仪，适合所有崩塌滑坡监测预警。

崩滑预警雷达　这种雷达可应用于滑坡、崩塌体的监测预警。它是采用激光或超声波技术研制而成的。滑坡雷达是由发射机、天线、接收机、跟踪架及信息处理等部分组成。发射机是各种形式的激光器或超声波，天线和接收机是光学望远镜和各种形式的光电探测器，或超声波接收探头，滑坡雷达采用脉冲或连续波两种工作方式，探测方法为直接探测。激光滑坡雷达预警精度最高。

"仙人桥"从何而来

除了滑坡之外，在山区给各种工程建筑和人畜生命带来危害的还有山崩。山崩也是一种常见的地质现象。

到过泰山的人，一定会对泰山山顶的"仙人桥"奇景赞叹不已。那里两侧是峭壁千丈对峙的山峰，下面是深邃莫测的峡谷，三块巨大的山石正好互相卡接在山壁之间，搭成了一座令人为之瞪目的"仙人桥"。

这硕大的巨石是谁搬来的呢？当然不是什么仙人，而是山崩。当山崩发生的时候，巨大的石块从山顶轰然而下，其中恰巧有那么三块巨石互相推挤着，卡在这峡谷的狭窄的口子上，于是便构成了这座奇特的"桥"。

山崩和滑坡虽然都表现为土石层的一种从高处向低处的运动，但是它们两者却是有所区别的。

在一般情况下，发生滑坡的土石层都是整体发生滑动。而山崩则是山岩的垮落和崩坠。另外，滑坡不仅可以发生在山坡陡峻的地方，也可以发生在坡度很小的山脚和丘陵地区。而山崩则一般只发生于坡度较大的山区，特别是那些陡崖绝壁的地方。从形成的原因看，滑坡的产生主要是水的作用。而山崩的原因则要复杂得多，它既和水的作用有关，也与岩石因温度变化热胀冷缩引起破裂有关，在更多的情况下，还与地球内部的运动有关。

六、失控的"毒蛇"——泥石流

在1985年11月13日下午4时，哥伦比亚托利马亚省的鲁伊斯火山，在沉睡140年之后复活了，喷出大量泥沙和熔岩。灼热的火山降落在山顶上的雪地上，很快使雪水融化，并带着这些火山灰、碎石等物质，倾泻而下，涌入钦奇纳河。霎时间，水位暴涨，1小时后，2米高的泥浆破岸漫溢，以50千米/时的速度冲入阿

哥伦比亚鲁伊斯火山喷发引发的泥石流

美罗镇，不到 10 分钟，泥浆高达 7～8 米，将镇内房屋、烟筒和教堂以及 1 万 6000 多镇民埋葬。

随后，冰水、雪水和泥石流又从 5 个山头铺天盖地而下，将灾区扩大到 3 万多平方千米。火山泥石流一夜之间毁灭了阿美罗等两个镇，2.5 万人丧生，15 万头牛死亡，农田、果园、咖啡园都遭破坏，经济损失 50 亿美元。公元 79 年维苏威火山喷发后，也形成火山泥石流，将赫克兰尼姆城都给淹埋了。

可怕的 "毒蛇"

泥石流是一种自然灾害。当泥石流发生时，洪流中不仅有大量泥沙石块，也夹杂着洪水或冰雪融水等，它们混合成一股黏稠的泥浆，像脱缰的野马一般，沿陡坡奔腾而下。泥石流所到之处，良田变荒漠，房屋变废墟，冲毁路基、桥梁，给人类的生命财产带来极大的损失。据统计，全世界每年都要发生近 10 万次大大小小的泥石流。1970 年南美洲秘鲁的安第斯山脉曾发生一次冰川泥石流，3010 多万立方米的冰雪泥石一下子冲入一个名叫罗嘉依的城镇，顷刻间，全城被彻底淹埋，3 万居民全部遇难。

泥石流是山体松动造成的，常常发生在半干旱的山区或高原冰川

知识链接

引起最大泥石流的地震

1970 年 5 月 31 日，秘鲁安卡休州近海发生了一次 7.6 级地震，附近的法斯卡山峰因地震发生岩崩，形成巨大的泥石流，其时速 250 千米～400 千米，体积约 1 万立方米。被泥石流冲埋的死亡人数至少有 1.8 万人，连同因地震造成建筑物倒塌而死亡的人数达 7 万人。

区。这里地形陡峭，树木植被很少，一旦暴雨来临或冰川解冻，石块吸足了水分，便出现松动，开始顺着斜坡向下移动。随着互相挤压、冲撞，大大小小的泥石夹杂着泥浆水，汇成一股巨大的洪流滚滚而下，于是就出现了泥石流。

泥石流中泥沙石块的体积含量一般都超过15%，最高可达80%。泥石流的破坏性极大，人称它是"山谷中失控的毒蛇"。泥石流常常发生在降雨多的季节；时常与地震活动、火山喷发、山崩、滑坡和冰雪消融等自然灾害相伴，使灾害雪上加霜。

泥石流的形成

泥石流的形成必须具备三个基本条件：一是地形条件。地形陡峭，沟谷深、狭，山坡的坡度为30°～60°。二是地质条件。构造运动强烈，属于地震、火山发育区，岩石破碎，沟壑中有丰富的松散堆积物。三是气候条件。降雨、降雪，特别是暴雨和冰雪融化最易发生泥石流。

西藏高原山谷又窄又陡而且还很深，是地质构造活动强烈、地形复杂、冰冻风化强烈和气候千变万化的地区。因此它是我国泥石流最活跃的地区之一。西藏泊隆沟是川藏公路中泥石流危害最大的一个地段，又是现代冰川活动区。冰川裂缝发育，时常有冰崩等现象，特别是冰川消融和雨量充沛的季节，为诱发泥石流的发生创造了自然条件。泊隆沟沟

西藏八宿县泥石流堵塞了公路

泥石流冲毁了铁路路基，使铁路中断

1988年7月15日，泥石流汇入泊隆藏布江，顺流而下，毁坏公路和建筑设施。扎木县城进水高达1米，经济受到严重损失。

谷深陡，且是两条河流的汇合处，有利于松散堆积物聚集和堆积，给泥石流提供了巨大的物质来源。

1983年7月，是西藏地区雨季到来和冰雪消融的季节。28日大雨连续下降，雨水与冰雪融水汇合一起涌向大谷，随水又带着大量的松散石块和泥砂，逐渐形成泥石流。深夜23点，泥石流向泊隆沟口奔去，经10个多小时，在沟口形成体积达100万立方米的大型泥流堆积。将公路上一座高10米、长32米的水泥桥冲垮，淹没了两台推土机、一辆汽车和10间民房，交通中断近一个月，使进出西藏近数千辆汽车被困，直接经济损失超过50万元。泊隆沟经常发生泥石流。1985年的一次泥石流冲毁桥梁7座、冲毁公路旁几十间房屋和80辆汽车，直接经济损失500多万元，是我国公路史上罕见的泥石流事件。

发生的规律

泥石流是介于流水与滑坡之间的一种地质作用。典型的泥石流由悬浮着粗大固体碎屑物并富含粉砂及黏土的黏稠泥浆组成。在适当的地形条件下，大量的水体浸透山坡或沟床中的固体堆积物质，使其稳定性降低，饱含水分的固体堆积物质在自身重力作用下发生运动，就形成了泥石流。

泥石流是一种灾害性的地质现象。泥石流经常突然爆发，来势凶猛，可携带巨大的石块，并以高速前进，具有强大的能量，因而破坏性极大。

泥石流所到之处，一切尽被摧毁。

泥石流发生有一定的规律。首先是季节性。泥石流的爆发主要受连续降雨、暴雨，尤其是特大暴雨等集中降雨的诱发。其次，泥石流发生有周期性。泥石流的发生受雨、洪、地震的影响，而雨、洪、地震总是周期性地出现。

此外，滑坡、崩塌常成为泥石流的固体物源，但泥石流在流动过程中又强烈冲刷、侵蚀岸坡，触发滑坡、崩塌发生，故常有滑坡、崩塌→泥石流→滑坡、崩塌的循环产生。

仪器监测泥石流

泥石流地声预警仪　地声传感器的功能是能采集声光信号。一旦这个监测地区超过预设的阈值仪器就报警。它可应用于地质灾害中泥石流的现场实时报警。泥石流地声预警仪可分为四个部分：信号选频放大部分、比较整形、显示、声光报警部分。地声传感器采用地震检波器，报警部分根据现场情况可分为有线和无线两种，如果监测点与报警点距离较近，可直接采用仪器自身的报警装置。如果监测点与报警点距离较远，可以外加一对小功率无线发射接收部件，以达到实时报警的效果。

泥石流监视预警仪　以地震检波器为传感器作为触发开关，泥石流临近振幅超过预设的阈值时，

实地调查勘察

帐篷内监测仪器

便自动打开摄像头监视泥石流，进行声光报警。这种仪器主要对泥石流视频监视预警。针对泥石流临近时地面振动的特点，采用低频高灵敏度地震检波器作为传感器。泥石流临近振幅超过预设的阈值时，触发打开远红外摄像头，进行监视预警和视频录像。该仪器采用先进的"视觉神经系统"，对监控到的视频信号进行智能分析，一旦觉察到画面内容有变化，如泥石流临近，报警器立即通知泥石流下游居民进行防灾。

"火眼金睛"探测灾害

我国地球同步轨道卫星"风云4号"将于2012年发射运行。"风云4号"探测地球的"眼睛"可以左右摆动，1秒钟内就可扫描12480千米。它只要15分钟就能够扫描1/3的地球表面。

"风云4号"卫星的"视力"也更好。"风云2号"卫星仅有5个光谱通道，而"风云4号"

"风云2号"卫星

能识别12个光谱通道，因此对空间分辨的精度更高。在3.6万千米高空，对地面扫描精度达1千米范围，"风云4号"比"风云2号"的精度提高20%。

此外，"风云4号"还能像CT机一样对云层进行立体剖面扫描，并对一定区域进行实时观测，在30秒内就能把100万平方千米内的台风运动趋势描述出来。

据悉，"风云4号"除可监测地面植被、水汽浓度、云雾等主要气象信息外，还能监测地表温度、火灾等地表特征变化，把监测防御能力从气象拓展到泥石流等各类自然灾害。

"风云4号"卫星

泥石流的防御

　　最近几年山体滑坡、泥石流等灾害频发，给人民的生命财产和经济造成严重的危害。为什么在 20 世纪 90 年代前此类灾害发生较少，而进入 21 世纪后，山体滑坡、泥石流等发生频繁、规模巨大？值得我们反思。

　　人类为了追求经济发展不惜破坏生态环境，大量的工业废气、汽车尾气、人类吸烟等有害气体成为云层的一部分。当这些云变成雨降落到地面被植物吸收后，多数植物因吸收了严重污染的雨水后，生长缓慢、根系萎缩变脆，固土保沙保水能力也随之减弱。当雨水稍多一点的时候，植物的根系不堪重负，一泻千里，顷刻间土崩瓦解。就像一幢大楼用了劣质的钢材，轻微的地质变化也会受到破坏。这种情况逐年呈恶化上升之势。如果不解决环境污染问题，山体滑坡、泥石流等灾害就不可能得到彻底解决。

　　泥石流常在泥石土多水的状态下形成。因此，我们首先要用排水沟等办法，消除和减少地表水和地下水的作用。

　　要植树造林，防止泥沙流失。这是预防泥石流的有效措施。

　　要阻止人为因素破坏大自然。如防止乱伐森林、乱开山等。

　　要提高新建水库工程质量，防止渗水或漏水。对老的水库加强维护，发现问题及时处理。

测 试 题

一、选择题

1. 经人造卫星拍摄的照片证明，地球的外形是___。

   A.椭圆球形的　B.圆球形的　C.梨形的　D.方形的

2. 大陆漂移学说的先驱者是 ___。

   A.柏拉图　B.麦哲伦　C.魏格纳　D.牛顿

3. 大陆漂移理论的创立是在 ___年。

   A.1910　B.1912　C.1915　D.1930

4. 地震发生时产生的地震波有纵波和横波，它们的破坏性是 ___。

   A.横波比纵波的破坏性强　B.横波和纵波的破坏性一样的

   C.纵波比横波的破坏性强　D.无法比较

5. 20世纪70年代，我国发生了导致最大人员伤亡的一次地震是___。

   A.云南通海地震　B.台湾台东地震

   C.辽宁海城地震　D.河北唐山地震

6. 世界上曾经发生了最大的一次地震，其震级是10级。它是发生在 ___。

   A.阿拉斯加　B.智利　C.亚美尼亚　D.勘察加半岛

7. 地震来临时气候有变暖的现象，是由于 ___。

   A.地温升高　B.大气变暖　C.正常气候变化　D.大地变暖

8. 地震发生时，人们最好 ___。

   A.原地不动　　B.及时躲在牢固的桌下

   C.及时向外跑　D.从楼上往下跳

9. 根据地球物理探测资料分析，地球的结构大致可分为 ___。

A.一层　B.二层　C.三层　D.四层

10. 泥石流是山体松动造成的，常常发生在半干旱的山区或高原冰川区。这里地形陡峭，___很少，一旦暴雨来临，便会形成泥石流。

A.树木植被　B.动物　C.石头　D.苔藓

11. 中国火山自然保护区是 ___。

A.云南腾冲　B.黑龙江五大连池

C.吉林长白山　D.腾冲和五大连池火山

12. 公元 79 年古罗马庞贝城被火山灰所掩埋是 ___ 喷发所造成的。

A.夏威夷火山　B.维苏威火山　C.帕里库庭火山　D.马荣火山

13. 美国的圣海伦斯火山最晚喷发发生在 ___。

A.1831年　B.1857年　C.1980年　D.1989年

14. 地震的烈度分为___级。一般来说，地震的震源深度越浅，烈度越大。离震中距离越近，烈度也越大。

A.5　B.8　C.10　D.12

15. 海啸的波长（水波的长度）达几十到数百千米，两个海浪之间的时间周期为 10 ～ 20 分钟，甚至可达 200 分钟，是一般海浪的 ___ 倍。

A.5　B.15　C.30　D.60

16. 在深海里海啸能高速前进，如太平洋上的海啸能以每小时___千米的速度向前推进，它的速度和一架飞机差不多，其冲击能量大得难以想象。

A.420　B.720　C.960　D.1500

17. 滑坡常常产生在 ___。

A.下雨之后　B.下雨之前　C.无雨季节　D.刮风季节

18. 在海啸来临前 10 分钟左右，海水会出现快速退潮和海水变___的现象。

A.很热　B.很冷　C.混浊　D.清澈

19. 地质灾害中对人类破坏性最大的是 ___。

    A.泥石流与滑坡　　B.火山喷发与地震

    C.海啸和火山喷发　D.地震与海啸

20. 在深深的海底，地震的发生要比陆地上频繁得多。据统计，全球 ___ 的地震都集中在幽深的海底。

    A.30%　B.60%　C.80%　D.90%

21. 世界上第一台地震仪是由 ___ 的科学家发明的。

    A.中国　B.美国　C.意大利　D.日本

22. 中国有许多休眠火山，主要分布在 ___。

    A.陕西、甘肃、新疆一带　　　　　　B.京津唐渤一带

    C.吉、黑、滇、台湾和青藏高原地区　D.江浙苏鲁皖地区

23. 科学家在运用计算机模拟分析时发现，___ 可使海啸威力削弱一半，堪称天然的海啸"防护墙"。

    A.海边礁石　B.椰树　C.沙滩　D.珊瑚礁

24. 检测水中氡气含量可以预报地震。地震发生时由于岩体受力、水层发生变形，会加速地下水的运动，促使氡含量的改变。氡对温压变化反映很灵敏，特别在地壳变动剧烈时，水氡含量 ___，预示着该地区将发生地震。

    A.时而高时而低　B.无变化　C.突然升高　D.突然降低

25. 魔鬼塔被称为世界上火山地形第一名胜。它所在的国家是 ___。

    A.美国　B.英国　C.意大利　D.日本

26. 中国吉林长白山是一个休眠火山，它在历史记载中火山喷发过 ___ 次。

    A.一　B.二　C.三　D.四

27. 世界上曾发生过很多次海啸，有一次海啸产生了最大的浪高是 ___ 米。

    A.80米　B.70米　C.60米　D.50米

28. 2004 年印度尼西亚发生 9 级地震，海啸发生在 ___ 中。

A.太平洋　B.大西洋　C.印度洋　D.北冰洋

29. 滑坡常发生在 ＿＿ 的部位上。

A.山顶　B.山坡　C.山谷　D.山麓

30. 当你遇到滑坡时，你应 ＿＿，以躲避灾难。

A.向上走　B.向下走　C.向侧向走　D.站在原地

31. 泥石流形成的基本条件是 ＿＿。

A.地形和气候条件　B.地质和气候条件

C.地形和地质条件　D.地形、地质和气候条件

32. 地震的能量具有震撼山河之力。一次 7 级地震的能量相当于 30 个两万吨级原子弹的能量；一次 8.5 级地震的能量是 $3.6×10^{17}$ 焦耳，相当于 100 万千瓦的大型发电厂连续发电＿＿年的发电量总和。

A.5　B.10　C.15　D.20

33. 地光是地震前兆之一，是在地震之前出现在天边的一种奇特的发光现象。从大量的调查结果看，地光的颜色以 ＿＿ 和红色居多，黄色次之，其他颜色也有。

A.银灰色　B.黑色　C.蓝白色　D.金色

34. 海底地震"CT 机"可以勘测＿＿多米深的浅海底地质构造、岩层，为我国近海油气资源开发和工程地质环境探测提供高技术支撑。

A.50　B.100　C.300　D.500

35. 地球上几乎到处都有地震，全世界每年发生地震 100 万次。然而，＿＿地区至今却从未发现过地震。

A.高原　B.赤道　C.海底　D.南北两极

36. 科学家通过测试，推测地下＿＿千米处，温度已超过 1000℃，再向下地温就更高。

A. 30　B.60　C.80　D.100

37. 人们经过试验证实，在地表从挖石油的钻孔往下测量，每深 1 千米，温度就上升 ＿＿℃。

A.13　B.23　C.33　D.43

38. 2006 年，我国考古学家在宁夏回族自治区灵武市宁东镇南滋湾发现了大批恐龙化石。经专家鉴定确定是___。这一发现，给大陆漂移说提供了重要的证据。

　　A.梁龙　B.剑龙　C.霸王龙　D.雷龙

39. 地震发生时，首先是上下颠簸，这是地震___造成的。它引起地面震动的方向与传播方向一致，大约只有几秒钟。

　　A.振动波　B.余波　C.横波　D.纵波

40. 地球上平均每年要发生___万次地震。大多数地震的震级小于 3 级，人们不易感觉到。

　　A.50　B.100　C.300　D.500

二、是非题

1. 地球的内部结构可分为三层，外层地壳以玄武岩岩石为主，中间层地幔主要以花岗岩组成，内层地核主要由铁镍元素组成。

2. 地球在地震发生和火山活动时才产生运动。

3. 地震发生时首先产生的震波是纵波，随后产生的震波是横波。

4. 地震的震级是指地面的破坏程度，而烈度是指地震发生时的能量大小。

5. 世界上第一个预报地震的仪器是中国东汉时代的张衡发明的。

6. 地震发生前，大海受到区域应力作用促使海平面和潮汐产生异常。

7. 海啸发生前是没有前兆的。

8. 火山形成的地热水是不能用来治多种疾病的。

9. 现在已经可以利用火山产生的热能加热地下水，用于发电。

10. 菲律宾吕宋岛上的马荣火山是世界上最完美的火山锥。

87

测试题答案

一、选择题

1.B 2.C 3.C 4.A 5.D 6.B 7.A 8.B 9.C 10.A
11.D 12.B 13.C 14.D 15.C 16.B 17.A 18.C 19.D 20.C
21.A 22.C 23.D 24.C 25.A 26.B 27.B 28.C 29.B 30.C
31.D 32.B 33.C 34.B 35.D 36.B 37.C 38.A 39.D 40.D

二、是非题

1.(√) 2.(×) 3.(√) 4.(×) 5.(√)
6.(√) 7.(×) 8.(×) 9.(√) 10.(√)

图书在版编目 (CIP) 数据

地球的震颤 / 刘允良编写 . —上海：少年儿童出版社，
2011.10

（探索未知丛书）

ISBN 978-7-5324-8923-7

Ⅰ. ①地... Ⅱ. ①刘... Ⅲ. ①地震—少年读物

Ⅳ. P315.4−49

中国版本图书馆 CIP 数据核字（2011）第 219149 号

探索未知丛书

地球的震颤

刘允良 编写

白云工作室 图

卜允台 卜维佳 装帧

责任编辑 黄 蔚　　美术编辑 张慈慧

责任校对 黄亚承　　技术编辑 陆 赟

出版 上海世纪出版股份有限公司少年儿童出版社

地址 200052 上海延安西路 1538 号

发行 上海世纪出版股份有限公司发行中心

地址 200001 上海福建中路 193 号

易文网 www.ewen.cc 少儿网 www.jcph.com

电子邮件 postmaster@jcph.com

印刷 北京一鑫印务有限责任公司

开本 720×980 1/16 印张 6 字数 75 千字

2019 年 4 月第 1 版第 3 次印刷

ISBN 978-7-5324-8923-7/N·945

定价 26.00 元